P. Drábek / A. Kufner

Integralgleichungen

Integralgleichungen

Von Prof. Dr. Pavel Drábek
und Prof. Dr. Alois Kufner

B. G. Teubner Verlagsgesellschaft
Stuttgart · Leipzig 1996

Das Lehrwerk wurde 1972 begründet und wird herausgegeben von:
Prof. Dr. Otfried Beyer, Prof. Dr. Horst Erfurth,
Prof. Dr. Christian Großmann, Prof. Dr. Horst Kadner,
Prof. Dr. Karl Manteuffel, Prof. Dr. Manfred Schneider,
Prof. Dr. Günter Zeidler

Verantwortlicher Herausgeber dieses Bandes:
Prof. Dr. Horst Kadner

Autoren:

Prof. Dr. Pavel Drábek
Westböhmische Universität Pilsen

Prof. Dr. Alois Kufner
Mathematisches Institut der Akademie der Wissenschaften Prag

Gedruckt auf chlorfrei gebleichtem Papier.

Die Deutsche Bibliothek – CIP-Einheitsaufnahme

Drábek, Pavel:
Integralgleichungen / von Pavel Drábek und Alois Kufner. –
Stuttgart ; Leipzig : Teubner, 1996
(Mathematik für Ingenieure und Naturwissenschaftler)
ISBN 978-3-8154-2089-8 ISBN 978-3-322-95374-2 (eBook)
DOI 10.1007/978-3-322-95374-2

NE: Kufner, Alois

Umschlaggestaltung: E. Kretschmer, Leipzig

Integralgleichungen

Von Prof. Dr. Pavel Drábek
und Prof. Dr. Alois Kufner

B. G. Teubner Verlagsgesellschaft
Stuttgart · Leipzig 1996

Das Lehrwerk wurde 1972 begründet und wird herausgegeben von:

Prof. Dr. Otfried Beyer, Prof. Dr. Horst Erfurth,
Prof. Dr. Christian Großmann, Prof. Dr. Horst Kadner,
Prof. Dr. Karl Manteuffel, Prof. Dr. Manfred Schneider,
Prof. Dr. Günter Zeidler

Verantwortlicher Herausgeber dieses Bandes:

Prof. Dr. Horst Kadner

Autoren:

Prof. Dr. Pavel Drábek
Westböhmische Universität Pilsen

Prof. Dr. Alois Kufner
Mathematisches Institut der Akademie der Wissenschaften Prag

Gedruckt auf chlorfrei gebleichtem Papier.

Die Deutsche Bibliothek – CIP-Einheitsaufnahme

Drábek, Pavel:
Integralgleichungen / von Pavel Drábek und Alois Kufner. –
Stuttgart ; Leipzig : Teubner, 1996
(Mathematik für Ingenieure und Naturwissenschaftler)
ISBN 978-3-8154-2089-8 ISBN 978-3-322-95374-2 (eBook)
DOI 10.1007/978-3-322-95374-2

NE: Kufner, Alois

Umschlaggestaltung: E. Kretschmer, Leipzig

Vorwort

Dieser Band der Reihe "Mathematik für Ingenieure und Naturwissenschaftler" führt in die Grundlagen der Thematik *Integralgleichungen* ein. Dabei handelt es sich um einen Problemkreis, der vom theoretischen Standpunkt aus wichtig ist und auch viele Anwendungen findet. Beim Leser werden Grundkenntnisse aus den Anfangssemestern vorausgesetzt. Bis auf wenige Ausnahmen wird die in diesem Buch dargelegte Theorie für stetige Funktionen auf kompakten Intervallen entwickelt. Man kann also problemlos mit dem Riemannschen Integralbegriff auskommen.

Das Buch besteht aus fünf Teilen; jeder der 15 numerierten Abschnitte ist untergliedert: 7.3 bezeichnet den dritten Unterabschnitt von Abschnitt 7, und (7.3) steht für die dritte Formel in diesem Abschnitt.

In der Einführung wird dem Leser eine erste Begegnung mit Integralgleichungen ermöglicht. Außerdem werden einige Aufgabenstellungen aus der Praxis vorgestellt, deren mathematische Formulierung auf Integralgleichungen führt.

Der zweite Teil befaßt sich mit der Lösung einiger spezieller Typen von Integralgleichungen. Die Laplace–Transformation wird hier als Werkzeug zur Lösung Volterrascher Gleichungen mit Faltungskern benutzt. Im Fall Fredholmscher Integralgleichungen mit ausgeartetem Kern wird der enge Zusammenhang der Theorie der Integralgleichungen mit der linearen Algebra aufgezeigt. Zum Abschluß wird dann die Fredholmsche Alternative formuliert.

Im folgenden Teil steht die Lösbarkeit von Integralgleichungen im Mittelpunkt. Zunächst werden einige elementare Begriffe aus der Funktionalanalysis eingeführt, die später wieder benötigt werden. Die Darstellung beschränkt sich auf Gleichungen mit einer Veränderlichen und auf den Fall reellwertiger Funktionen. Wenn komplexwertige Funktionen oder Funktionen mit mehreren Veränderlichen zugelassen sind, wird auf die zu beachtenden Unterschiede an den entsprechenden Stellen hingewiesen. Ein Abschnitt schließlich beschäftigt sich mit Integralgleichungen erster Art.

Anschließend wird der Zusammenhang zwischen Integral– und Differentialgleichungen behandelt.

Der letzte Teil informiert den Leser kurz über einige Näherungsmethoden zur Lösung von Integralgleichungen. Das Prinzip der jeweils verwendeten Methode wird an konkreten Beispielen illustriert, die einen Vergleich der Näherungslösung mit der exakten Lösung ermöglichen.

Die Verfasser danken allen, die zur Verbesserung des Textes beigetragen haben. Unser besonderer Dank gilt Herrn Prof. Dr. Herbert Leinfelder von der Georg-Simon-Ohm Fachhochschule Nürnberg für sprachliche Korrekturen und auch für die Durchsicht des mathematischen Inhalts. Nicht zuletzt sei besonders Frau Jana Lepičová von der Westböhmischen Universität Pilsen gedankt, die mit sehr großem Engagement mehrere vorläufige Versionen geschrieben sowie die endgültige Fassung gestaltet hat, und Herrn Ing. Jan Čepička von der gleichen Universität für seine technische Hilfe bei der Vorbereitung der reproduktionsreifen Fassung des Textes. Auch Herrn Jürgen Weiß vom Teubner-Verlag Leipzig sei für die vertrauensvolle Zusammenarbeit gedankt.

Pilsen und Prag, im Januar 1996

Pavel Drábek
Alois Kufner

Inhalt

Einführung

1 Einige Aufgaben, die auf Integralgleichungen führen

Integralgleichungen sind - grob gesprochen - Gleichungen, in denen die unbekannte, gesuchte Funktion u.a. auch unter dem Integralzeichen auftritt. Auf Integralgleichungen führt eine ganze Reihe praktischer Probleme der Technik, der Naturwissenschaften, aber z.B. auch der Medizin und sogar der Wirtschaftswissenschaften. Wir wollen mit einigen typischen Beispielen älteren und neueren Datums beginnen.

Beispiel 1.1 (Bernoullisches Problem) Bei dieser elementaren Aufgabe aus der Geometrie geht es darum, die Form einer Kurve $y = f(x)$ so zu bestimmen, daß die unterhalb der Kurve liegende Fläche A einen Bruchteil (d.h. das k-fache mit $0 < k < 1$) des umbeschriebenen Rechtecks darstellt (Abb. 1.1). Diese Aufgabe kann man durch die folgende Integralgleichung

$$kx_0 f(x_0) = \int_0^{x_0} f(t)\mathrm{d}t \tag{1.1}$$

beschreiben, wobei f die unbekannte Funktion ist.

Beispiel 1.2 (Populationsdynamik) Es ist bekannt, daß die zeitliche Entwicklung einer Bevölkerung wellenförmig erfolgt. Aus Gründen der Zukunftsplanung ist es wünschenswert, diese Entwicklung mathematisch zu erfassen. Ein mögliches mathematisches Modell führt auf die *Lotkasche Integralgleichung*

$$b(t) = g(t) + \int_\alpha^\beta b(t-\tau)l(\tau)m(\tau)\mathrm{d}\tau, \tag{1.2}$$

die zur Bestimmung der Geburtsrate $b(t)$ dient. In dieser Integralgleichung wird die Abhängigkeit der Rate $b(t)$ von der ausgehenden Geburtsrate $b(t-\tau)$ ausgedrückt, und zwar für Frauen im gebärfähigen Alter τ mit $\alpha < \tau < \beta$. Die Unbekannte ist hier die Geburtsrate $b(t)$; die Funktionen $l(\tau)$ bzw. $m(\tau)\Delta\tau$ drücken die Wahrscheinlichkeit aus, daß die Frau im Alter τ ist bzw. ein Kind weiblichen Geschlechts während der Zeitspanne $\Delta\tau$ gebärt. Die Funktion $g(t)$ beschreibt gewisse äußere Einflüsse.

Beispiel 1.3 Die Integralgleichung

$$I(t) = g(t) + \int_0^t P(t-s)h(I(s))\mathrm{d}s \tag{1.3}$$

mit der unbekannten Funktion I und den gegebenen Funktionen g, P, h beschreibt eine Reihe von Phänomenen der Populationsdynamik, der Epidemiologie und der Ökonomie. Sind z.B. I_0 Menschen zum Zeitpunkt $t = 0$ (etwa durch ein Virus) infiziert und gilt in (1.3) $P(t) = \alpha e^{-\beta t}$, $g(t) = I_0 e^{-\beta t}$ und $h(s) = (K - s)s$ mit geeigneten Konstanten α, β, K, so liefert die Lösung $I(t)$ von (1.3) die Zahl der zum Zeitpunkt t infizierten Menschen.

Beispiel 1.4 (Abelsche Gleichung) Auch die Integralgleichung

$$\int_a^t k(t-s)y(s)\mathrm{d}s = f(t) \tag{1.4}$$

mit der unbekannten Funktion y und den gegebenen Funktionen k und f modelliert eine ganze Reihe physikalischer Phänomene. So kann z.B. $y(t)$ ein Sendersignal, $f(t)$ das zugehörige Empfängersignal und $k = k(s)$ die sogenannte Impulsantwort sein, welche i.allg. von den Eigenschaften des übertragenden Mediums abhängt (z.B. der Luftfeuchtigkeit, der Zusammensetzung des Bodens usw.). Gleichungen vom Typ (1.4) können aber auch in der Wärmeleitung, in der Plasmaphysik, in der Dynamik von Kernreaktoren und sogar in der Biologie (Populationsmodelle) oder in den Wirtschaftswissenschaften auftreten.

Schon im Jahre 1823 hat der norwegische Mathematiker Niels Henrik Abel die Gleichung

$$\int_0^t \frac{y(s)}{\sqrt{t-s}}\mathrm{d}s = f(t) \tag{1.5}$$

hergeleitet, die einen Spezialfall der Gleichung (1.4) für $a = 0$ und $k(s) = \frac{1}{\sqrt{s}}$ darstellt, und zwar bei der mathematischen Formulierung des folgenden physikalischen Problems: Ein Punkt bewege sich unter dem Einfluß der Gravitation entlang einer in der vertikalen (ξ, τ)–Ebene liegenden Kurve (Abb. 1.2). Gesucht ist jene Bahnkurve, auf welcher der Punkt zur Zeit $\tau = t$ mit der Anfangsgeschwindigkeit 0 startet und nach einer gewissen Zeit $\sigma = f_1(\tau)$ die ξ–Achse erreicht. Die Funktion f_1 ist hierbei vorgegeben, und für die Funktion f in (1.5) gilt $f(t) = -2\sqrt{g}f_1(t)$ mit der Gravitationskonstante g.

Mit Gleichungen der Form (1.4) werden wir uns näher in Abschnitt 5 befassen.

Bei den Aufgaben, die wir bisher beschrieben haben, kann man die entsprechende Integralgleichung meist d i r e k t herleiten. Oft aber kommt man erst i n d i r e k t , z.B. über Differentialgleichungen, zur Integralgleichung. Ein Beispiel dieser Art sei nun angeführt.

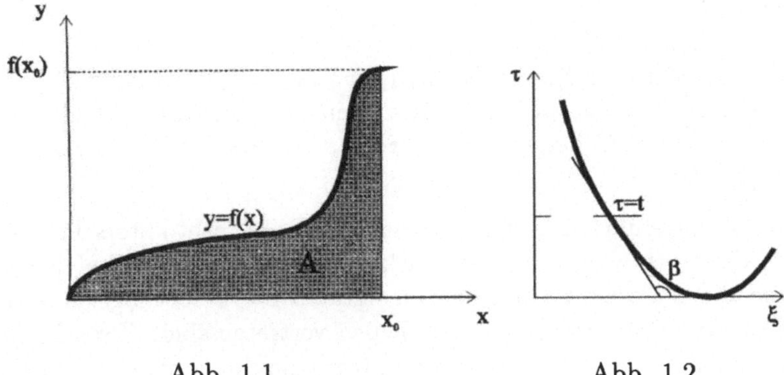

Abb. 1.1 Abb. 1.2

Beispiel 1.5 (Dirichletsches Problem) Ein ebenes, durch die Kurve S begrenztes Gebiet G sei gegeben. Eine Funktion $u = u(x,y)$, die für $(x,y) \in G \cup S$ definiert ist, ist so zubestimmen, daß die Differentialgleichung

$$\frac{\partial^2 u}{\partial x^2} + \frac{\partial^2 u}{\partial y^2} = 0 \text{ in } G \tag{1.6}$$

erfüllt ist und u auf S mit einer vorgegebenen Funktion g übereinstimmt:

$$u = g \text{ auf } S. \tag{1.7}$$

Diese Aufgabe kann man in der Mechanik finden (die Funktion u beschreibt die Durchbiegung einer Membrane der Form G, die am Rand S befestigt ist), in der Wärmeleitung (hier beschreibt u die stationäre Temperatur eines Körpers der Form G, falls auf dem Rande S die Temperatur vorgegeben ist) und anderswo. Es läßt sich zeigen, daß man die Lösung dieser Aufgabe in der Form eines *Doppelschichtpotentials* ausdrücken kann: Bezeichnen wir den Punkt $(x,y) \in G$ mit P und die Punkte auf S mit Q, so gilt

$$u(P) = \int_S v(Q) \frac{\cos(n_Q, \overrightarrow{QP})}{r} \mathrm{d}S_Q, \tag{1.8}$$

wobei $r = |P - Q|$ und n_Q der Vektor der äußeren Normale zu S im Punkte Q ist. Die unbekannte Funktion v (die *Dichte des Dipolmoments*) kann man als Lösung der Integralgleichung

$$v(Q) - \frac{1}{\pi} \int_S \frac{\cos(n_R, \overrightarrow{RQ})}{r} v(R) \mathrm{d}S_R = -\frac{g(Q)}{\pi} \tag{1.9}$$

bestimmen. Damit haben wir die Randwertaufgabe (1.6), (1.7) – das Dirichletsche Problem – auf die Integralgleichung (1.9) zurückgeführt.

Bemerkung 1.1 Mit Hilfe der Potentialtheorie kann man auch andere Randwertprobleme (z.B. das Neumannsche oder Newtonsche Problem) auf Integralgleichungen der Form (1.9) zurückführen, und zwar auch im Falle mehrdimensionaler Gebiete G, wo natürlich das Kurvenintegral durch ein Flächenintegral (über die das Gebiet G begrenzende Fläche S) ersetzt wird. Zu Einzelheiten siehe z.B. [BHW].

Die bisher angeführten Integralgleichungen waren recht unterschiedlich. Im nächsten Abschnitt werden wir eine Klassifikation jener Integralgleichungen vornehmen, die in diesem Buch behandelt werden. Der Leser möge dann vergleichen, welche von den oben erwähnten Typen vertreten sind. Zunächst jedoch wollen wir die Herleitung einer weiteren Integralgleichung näher beschreiben.

Beispiel 1.6 (Gleichgewicht einer belasteten Saite) Wir betrachten eine Saite der Länge l, die sich beliebig durchbiegen kann, sich aber ihrer Durchbiegung widersetzt, wobei der erzeugte Widerstand proportional zur Verlängerung ist. Eine Verlängerung der Saite um $\triangle l$ erfordert die Kraft $c \cdot \triangle l$, wobei die Proportionalkonstante c vom Material der Saite abhängt. Wir setzen voraus, daß die Saitenenden in den Punkten $x = 0$ und $x = 1$ befestigt sind. Ohne äußere Einwirkung befindet sich die Saite auf dem Abschnitt $0 \leq t \leq l$ der $t-$Achse (Gleichgewichtslage ohne äußere Einwirkung). Wenn die Saite jedoch im Punkte $t = \tau$ der Wirkung einer senkrechten Kraft $P = P_\tau$ ausgesetzt wird, verläßt sie ihre Ruhelage und nimmt die Form einer geknickten Geraden an (Abb. 1.3).

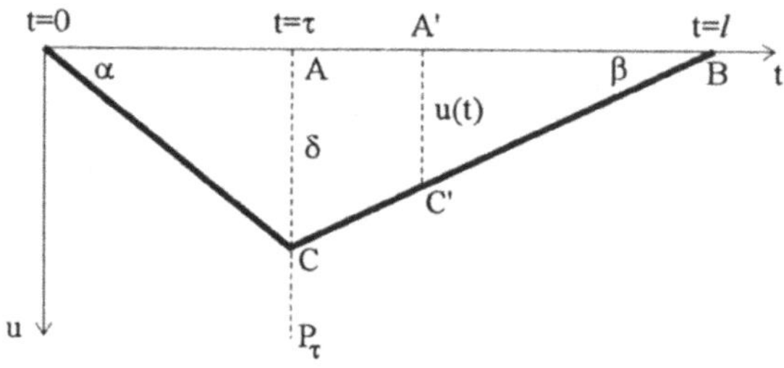

Abb. 1.3

Wenn die Kraft P klein ist im Vergleich zur Kraft T_0, welche die unbelastete Saite spannt, können wir annehmen, daß die Spannung der belasteten Saite ebenfalls T_0 ist. Vernachlässigen wir nun Glieder 3. und höherer Ordnung in δ, d.h. setzen wir $\sin\alpha \approx \frac{\delta}{\tau}$ und $\sin\beta \approx \frac{\delta}{l-\tau}$, so ist die Projektion auf die vertikale Achse im Punkt C gleich

$$T_0\frac{\delta}{\tau} + T_0\frac{\delta}{l-\tau},$$

und aus den Gleichgewichtsbedingungen folgt, daß diese Projektion der Kraft P_τ gleich sein muß, welche die Saite spannt. Aus der Beziehung

$$T_0 \frac{\delta}{\tau} + T_0 \frac{\delta}{l-\tau} = P_\tau$$

können wir die Auslenkung δ berechen:

$$\delta = \frac{(l-\tau)\tau}{T_0 l} P_\tau. \tag{1.10}$$

Es bezeichne nun $u(t)$ die Durchbiegung der Saite im Punkte t unter der Wirkung einer Kraft P_τ im Punkte τ. Aus der Ähnlichkeit der Dreiecke ABC und $A'BC'$ (Abb. 1.3) folgt

$$\begin{aligned} \frac{u(t)}{\delta} &= \frac{t}{\tau} \quad \text{für} \quad 0 \le t \le \tau, \\ \frac{u(t)}{\delta} &= \frac{l-t}{l-\tau} \quad \text{für} \quad \tau \le t \le l. \end{aligned} \tag{1.11}$$

Wenn wir nun (1.10) in (1.11) einsetzen, erhalten wir

$$u(t) = P_\tau K(t,\tau)$$

mit

$$K(t,\tau) = \begin{cases} \frac{t(l-\tau)}{T_0 l} & \text{für } 0 \le t \le \tau, \\ \frac{(l-t)\tau}{T_0 l} & \text{für } \tau \le t \le l. \end{cases}$$

Nun setze man voraus, daß auf die Saite eine Kraft wirkt, die auf der ganzen Länge stetig verteilt ist und im Punkte τ die Dichte $p(\tau)$ hat. Bei kleiner Kraft hängt die Deformation der Saite linear von der Kraft ab, und die Funktion $u(t)$, welche die Form der auf diese Weise belasteten Saite beschreibt, ist durch die Formel

$$u(t) = \int_0^l K(t,\tau)p(\tau)\mathrm{d}\tau \tag{1.12}$$

gegeben.

Ist also die auf die Saite wirkende Belastung p vorgegeben, so kann man aus der Formel (1.12) die Funktion u berechnen, welche die Form der Saite unter dieser Belastung beschreibt.

Wir betrachten nun die umgekehrte Aufgabe, nämlich die Bestimmung jener Verteilung der Belastung p, unter deren Wirkung die Saite eine vorgegebene Form u annimmt. Die Lösung dieser Aufgabe führt auf die Lösung der Integralgleichung (1.12) mit der unbekannten Funktion p.

Wir setzen nun voraus, daß die Saite *schwingt.* Die Funktion $u(t,\sigma)$ beschreibe die Lage eines Punktes der Saite mit der Koordinate t im Zeitpunkt σ. Es sei ρ die (lineare) Dichteverteilung der Saite. Dann steht ein Längenelement dt der Saite unter der Wirkung der Trägheitskraft

$$-\frac{\partial^2 u(t,\sigma)}{\partial\sigma^2}\rho dt,$$

und hieraus folgt

$$p(\tau) = -\frac{\partial^2 u(t,\sigma)}{\partial\sigma^2}\rho.$$

Setzen wir diesen Ausdruck in (1.12) ein, so erhalten wir

$$u(t,\sigma) = -\int_0^l K(t,\tau)\rho\frac{\partial^2 u(\tau,\sigma)}{\partial\sigma^2}\mathrm{d}\tau. \tag{1.13}$$

Wir nehmen nun an, die Saite schwinge *harmonisch,* d.h., mit fest vorgegebener Frequenz ω und mit einer von der Koordinate t abhängenden Amplitude $y = y(t)$ gelte

$$u(t,\sigma) = y(t)\sin\omega\sigma.$$

Setzen wir nun $u(t,\sigma)$ in (1.13) ein, so erhalten wir nach einfachen Umformungen die folgende Integralgleichung für die Amplitude $y(t)$:

$$y(t) - \rho\omega^2\int_0^l K(t,\tau)y(\tau)\mathrm{d}\tau = 0. \tag{1.14}$$

Falls die Saite nicht frei schwingt, sondern erzwungene Schwingungen ausführt, hat die zugehörige Integralgleichung die Form

$$y(t) - \rho\omega^2\int_0^l K(t,\tau)y(\tau)\mathrm{d}\tau = f(t), \tag{1.15}$$

wobei $f(t)$ proportional zur am Ort t auf die Saite wirkenden äußeren Kraft ist.

2 Klassifikation von Integralgleichungen

2.1 Lineare Integralgleichungen

Das Quadrat

$$Q = \{(t,\tau);\quad a \le t \le b,\quad a \le \tau \le b\}$$

mit $a, b \in \mathbb{R}$ ($\mathbb{R} = \mathbb{R}^1$ ist die Menge aller reellen Zahlen) in der (t,τ)–Ebene nennen wir ein *Grundquadrat.* Wir setzen voraus, daß auf Q eine Funktion $K(t,\tau)$ mit zwei unabhängigen Veränderlichen gegeben ist. Die Gleichung

$$y(t) - \int_a^b K(t,\tau)y(\tau)\mathrm{d}\tau = f(t), \tag{2.1}$$

in der $y(t)$ eine unbekannte Funktion und $f(t)$ eine vorgegebene Funktion auf dem Intervall $[a,b]$ ist, wird *Fredholmsche Integralgleichung zweiter Art* genannt. Die Gleichung

$$\int_a^b K(t,\tau)y(\tau)\mathrm{d}\tau = f(t) \tag{2.2}$$

hingegen bezeichnen wir als *Fredholmsche Integralgleichung erster Art.*

Die Funktion $K(t,\tau)$ heißt *Kern* der Integralgleichung, die Funktion $f(t)$ ist ihre *rechte Seite.*

Falls der Kern $K(t,\tau)$ die folgende spezielle Form

$$K(t,\tau) = \begin{cases} k(t,\tau), & a \le \tau \le t, \\ 0, & t < \tau \le b, \end{cases}$$

hat, kann man die Gleichungen (2.1) und (2.2) folgendermaßen schreiben:

$$y(t) - \int_a^t k(t,\tau)y(\tau)\mathrm{d}\tau = f(t), \tag{2.3}$$

$$\int_a^t k(t,\tau)y(\tau)\mathrm{d}\tau = f(t). \tag{2.4}$$

Die Gleichung (2.3) wird *Volterrasche Integralgleichung zweiter Art,* die Gleichung (2.4) *Volterrasche Integralgleichung erster Art* genannt. Die Funktion $k(t,\tau)$ nennen wir dann *Kern der Volterraschen Integralgleichung.*

Volterrasche Integralgleichungen stellen also einen S p e z i a l f a l l der Fredholmschen Integralgleichungen dar.

Beispiel 2.1 Die Integralgleichungen (1.4) und (1.5) aus Beispiel 1.4 sind Volterrasche Gleichungen erster Art, die Gleichung (1.3) aus Beispiel 1.3 ist eine

Volterrasche Integralgleichung zweiter Art, falls $h(t) = t$ ist. Die Gleichung (1.9) aus Beispiel 1.5 und die Gleichungen (1.14) und (1.15) sind Fredholmsche Integralgleichungen zweiter Art; die Gleichung (1.12) ist eine Fredholmsche Integralgleichung erster Art, falls p die unbekannte Funktion ist.

Wie wir später sehen werden (vgl. Abschnitt 4), ist es bei Integralgleichungen zweiter Art vorteilhaft, einen P a r a m e t e r einzuführen und sie in der Form

$$y(t) = \mu \int_a^b K(t,\tau)y(\tau)\mathrm{d}\tau + f(t) \tag{2.5}$$

– *Fredholmsche Integralgleichung zweiter Art mit Parameter* μ – bzw.

$$y(t) = \mu \int_a^t k(t,\tau)y(\tau)\mathrm{d}\tau + f(t) \tag{2.6}$$

– *Volterrasche Integralgleichung zweiter Art mit Parameter* μ – zu schreiben.

Falls die rechte Seite $f(t)$ auf dem Interval $[a, b]$ i d e n t i s c h N u l l ist, wird die Gleichung (2.5) bzw. (2.6) *homogen* genannt. Andernfalls nennen wir die Gleichung *inhomogen.*

Im weiteren werden wir voraussetzen (falls nicht ausdrücklich etwas anderes behauptet wird), daß die rechte Seite $f(t)$ eine im Intervall $[a, b]$ stetige Funktion, der Kern $K(t, \tau)$ eine auf dem Grundquadrat Q stetige Funktion zweier Veränderlicher und $k(t, \tau)$ eine auf dem Dreieck

$$q = \{(t,\tau);\quad a \le t \le b,\quad a \le \tau \le t\}$$

stetige Funktion zweier Veränderlicher (Abb. 2.1) ist. Wir werden also solche Kerne $K(t, \tau)$ betrachten, die entweder in ganz Q stetig sind oder stetig in q und in $Q \setminus q$ identisch Null. Solche Kerne heißen *einfache Kerne.*

Zunächst werden wir voraussetzen, daß die Funktionen f, K, k und der Parameter μ nur r e e l l e Werte annehmen. Später werden wir dann auch Integralgleichungen im K o m p l e x e n betrachten.

Jede auf dem Intervall $[a, b]$ stetige Funktion $y(t)$, welche die Integralgleichung in jedem Punkt $t \in [a, b]$ erfüllt, heißt *Lösung* dieser Gleichung.

2.2 Nichtlineare Integralgleichungen

In Anwendungen treten oft auch Integralgleichungen auf, die man allgemein in der folgenden Form schreiben kann:

$$y(t) - \int_a^b G(t,\tau,y(\tau))\mathrm{d}\tau = f(t), \tag{2.7}$$

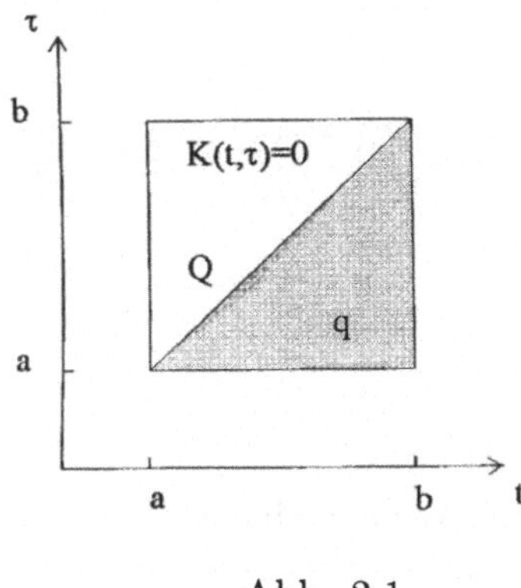

Abb. 2.1

wobei G eine auf $Q \times \mathbb{R}$ erklärte Funktion von drei Veränderlichen ist. Einen Spezialfall dieser Gleichung stellt die *Hammersteinsche Integralgleichung*

$$y(t) - \int_a^b K(t,\tau)F(\tau, y(\tau))\mathrm{d}\tau = f(t)$$

dar, wobei F eine auf $[a,b] \times \mathbb{R}$ erklärte, stetige (im allgemeinen nichtlineare) Funktion zweier Veränderlicher ist. Die Gleichung (1.3) aus Beispiel 1.3 ist eine typische *nichtlineare* Integralgleichung.

2.3 Systeme von Integralgleichungen

Wenn wir die vektorielle Schreibweise benutzen, können wir auch Systeme von m Integralgleichungen in der gleichen Form wie (2.1) bis (2.6) schreiben. Dann sind also $\mathbf{y}(t), \mathbf{f}(t)$ Vektorfunktionen mit m Komponenten, und $\mathbf{K}(t,\tau)$ ist eine quadratische Matrix der Ordnung $m \times m$. So können wir z.B. ein System von zwei linearen Integralgleichungen zweiter Art

$$y_1(t) - \mu\int_a^b K_{11}(t,\tau)y_1(\tau)\mathrm{d}\tau - \mu\int_a^b K_{12}(t,\tau)y_2(\tau)\mathrm{d}\tau = f_1(t),$$

$$y_2(t) - \mu\int_a^b K_{21}(t,\tau)y_1(\tau)\mathrm{d}\tau - \mu\int_a^b K_{22}(t,\tau)y_2(\tau)\mathrm{d}\tau = f_2(t)$$

mit Hilfe der üblichen Multiplikation einer Matrix mit einem Vektor folgendermaßen schreiben:

$$\mathbf{y}(t) - \mu\int_a^b \mathbf{K}(t,\tau)\mathbf{y}(\tau)\mathrm{d}\tau = \mathbf{f}(t),$$

wobei $\mathbf{y}(t) = (y_1(t), y_2(t))^T$, $\mathbf{f}(t) = (f_1(t), f_2(t))^T$ und

$$\mathbf{K}(t,\tau) = \begin{pmatrix} K_{11}(t,\tau), & K_{12}(t,\tau) \\ K_{21}(t,\tau), & K_{22}(t,\tau) \end{pmatrix}$$

ist.

2.4 Integralgleichungen mit mehreren Veränderlichen

Eine ganze Reihe von Aufgaben aus der Mechanik, der mathematischen Physik und dem Ingenieurwesen führt auf Integralgleichungen mit einer Veränderlichen mit dem Integrationsbereich $[a, b]$. Sehr oft muß man jedoch Integralgleichungen lösen, bei denen die unbekannte Funktion auf einer Kurve in der Ebene oder im Raum oder auf einem Gebiet im mehrdimensionalen Raum definiert ist. [Siehe z.B. Gleichung (1.9) aus Beispiel 1.5.] Der erstgenannte Fall stellt aus mathematischer Sicht nichts Neues dar. Es genügt, eine geeignete Transformation der unabhängigen Veränderlichen einzuführen (z.B. die Bogenlänge als neue Variable zu betrachten), und man erhält eine Integralgleichung mit einer Veränderlichen, deren Integrationsbereich ein Intervall ist. Der zweite Fall führt auf *Integralgleichungen mit mehreren Veränderlichen.* Ist z.B. Ω ein Gebiet im n-dimensionalen Euklidischen Raum $\mathbb{R}^n$, so kann man eine Fredholmsche Integralgleichung zweiter Art mit n Veränderlichen wie folgt schreiben:

$$y(P) - \int_\Omega K(P,R)y(R)\mathrm{d}\mu_R = f(P) \quad (P, R \in \Omega),$$

wobei die unbekannte Funktion $y(P) = y(P_1, P_2, \ldots, P_n)$ und die rechte Seite $f(P) = f(P_1, P_2, \ldots, P_n)$ auf dem Gebiet Ω erklärte Funktionen mit n Veränderlichen sind. Der Kern $K(P,R) = K(P_1, \ldots, P_n, R_1, \ldots, R_n)$ ist eine auf dem kartesischen Produkt $\Omega \times \Omega$ definierte Funktion von $2n$ Veränderlichen. Das Symbol $\mathrm{d}\mu_R$ soll ausdrücken, daß bezüglich der Variablen R integriert wird.

2.5 Integrodifferentialgleichungen

Falls in der Gleichung auch Ableitungen der unbekannten Funktion y auftreten, nennen wir sie *Integrodifferentialgleichung.* Ein Beispiel einer solchen Gleichung ist die folgende Beziehung:

$$y'(t) + y(t) - \mu \int_a^b [K_1(t,\tau)y(\tau) + K_2(t,\tau)y'(\tau)]\mathrm{d}\tau = f(t).$$

2.6 Beispiele

2.6.1 Die Gleichung

$$y(t) - \int_0^1 (t^2 + \tau^2) y(\tau) \mathrm{d}\tau = t^2$$

ist eine Fredholmsche Integralgleichung zweiter Art. Ihr Kern ist die auf dem Quadrat $Q = [0,1] \times [0,1]$ stetige Funktion $K(t,\tau) = t^2 + \tau^2$. Die rechte Seite $f(t) = t^2$ ist eine auf $[0,1]$ stetige Funktion.

2.6.2 Die Integralgleichung

$$y(t) - \int_0^t (t - \tau) y(\tau) \mathrm{d}\tau = t$$

ist eine Volterrasche Integralgleichung zweiter Art. Ihre rechte Seite ist $f(t) = t$, und der Kern ist durch die Beziehung

$$k(t,\tau) = t - \tau \quad (0 \le t \le c,\ 0 \le \tau \le t)$$

gegeben. Je nach der Natur des Problems, das durch diese Gleichung beschrieben wird, kann c beliebige endliche, positive Werte annehmen.

2.6.3 Die Gleichung

$$\int_0^t \frac{(t-\tau)^{m-1}}{(m-1)!} y(\tau) \mathrm{d}\tau = f(t), \quad m \ge 1,$$

ist eine Volterrasche Integralgleichung erster Art.

2.6.4 Die Integralgleichung

$$\int_{-\alpha}^{\alpha} e^{it\tau} y(\tau) \mathrm{d}\tau = f(t)$$

ist eine Fredholmsche Integralgleichung erster Art. Ihr Kern $K(t,\tau) = e^{it\tau}$ ist eine komplexe Funktion, welche auf dem Quadrat $Q = [-\alpha,\alpha] \times [-\alpha,\alpha]$ erklärt ist.

2.6.5 Die Gleichung

$$\int_0^1 \int_0^1 e^{i(t_1\tau_1 + t_2\tau_2)} y(\tau_1,\tau_2) \mathrm{d}\tau_1 \mathrm{d}\tau_2 = f(t_1,t_2)$$

ist eine Fredholmsche Integralgleichung erster Art mit zwei Veränderlichen. Hierin ist $\Omega = [0,1] \times [0,1]$ das Einheitsquadrat in der Ebene $\mathbb{R}^2$. Der Kern ist die komplexe Funktion

$$K(t_1, t_2, \tau_1, \tau_2) = e^{i(t_1\tau_1 + t_2\tau_2)},$$

die auf $\Omega \times \Omega$ erklärt ist.

3 Der Integraloperator. Eigenfunktionen und charakteristische Werte

3.1 Der Integraloperator

Mit $C([a, b])$ bezeichnen wir den Vektorraum aller auf dem abgeschlossenen Intervall $[a, b]$ erklärten, stetigen reellen Funktionen. Wir werden in diesem Abschnitt voraussetzen, daß der Kern $K(t, \tau)$ eine stetige, reelle Funktion zweier Veränderlicher im Grundquadrat Q ist. Dann definiert das Integral

$$\int_a^b K(t, \tau) y(\tau) \mathrm{d}\tau \tag{3.1}$$

für eine beliebige Funktion $y \in C([a, b])$ eine stetige Funktion der Veränderlichen t im Intervall $[a, b]$. Wir bezeichnen diese Funktion mit $z(t)$. Durch den Ausdruck (3.1) ist also jeder Funktion $y \in C([a, b])$ in eindeutiger Weise eine Funktion $z \in C([a, b])$ zugeordnet. Diese Zuordnung drücken wir symbolisch durch

$$\boldsymbol{K}\, y = z$$

aus und nennen $\boldsymbol{K}$ einen *Integraloperator* oder kurz *Operator*. Es ist also

$$(\boldsymbol{K}\, y)(t) = \int_a^b K(t, \tau) y(\tau) \mathrm{d}\tau. \tag{3.2}$$

Aus der Schreibweise (3.2) folgt unmittelbar, daß für beliebige Funktionen $x, y \in C([a, b])$ und für beliebige reelle Zahlen α, β gilt:

$$\boldsymbol{K}(\alpha x + \beta y) = \alpha \boldsymbol{K}\, x + \beta \boldsymbol{K}\, y.$$

Der Integraloperator $\boldsymbol{K}$ ist also ein linearer Operator, der den Vektorraum $C([a, b])$ in sich abbildet.

Die Integralgleichung (2.5) können wir äquivalent in die Operatorgleichung

$$y = \mu \boldsymbol{K}\, y + f \tag{3.3}$$

umformen. Bezeichnen wir mit $\boldsymbol{I}$ den Identitätsoperator auf $C([a, b])$, d.h. jenen Operator, für den $\boldsymbol{I}\, y = y$ für jede Funktion $y \in C([a, b])$ gilt, dann nimmt die Gleichung (3.3) die Form

$$\boldsymbol{L}\, y = f \tag{3.4}$$

an, wobei

$$\boldsymbol{L} = \boldsymbol{I} - \mu \boldsymbol{K} \tag{3.5}$$

ein linearer Operator ist, der den Raum $C([a,b])$ in sich abbildet. Ist $f \neq 0$, so nennen wir die Gleichung (3.4) inhomogen. Die Gleichung

$$\boldsymbol{L}\, y = 0 \tag{3.6}$$

hingegen nennen wir homogen (vgl. mit Abschnitt 2).

Aus der Linearität des Operators $\boldsymbol{L}$ folgen einige einfache Eigenschaften der homogenen Gleichung (3.6).

Satz 3.1 *Die homogene Gleichung* (3.6) *ist stets lösbar.*

In der Tat, die Funktion $y(t) = 0$, $t \in [a,b]$, ist eine Lösung der Gleichung (3.6), und zwar die *triviale* Lösung.

Die Gleichung (3.6) kann aber auch Lösungen haben, die nicht identisch Null sind (*nichttriviale* Lösungen). Die Untersuchung solcher Lösungen hängt wesentlich mit den Eigenschaften des linearen Operators $\boldsymbol{L}$ zusammen. Falls solche nichttriviale Lösungen existieren, ist auch jede ihrer Linearkombinationen eine Lösung der Gleichung (3.6). Diese Eigenschaft folgt aus der Formel $\boldsymbol{L}(\alpha x + \beta y) = \alpha\, \boldsymbol{L}\, x + \beta\, \boldsymbol{L}\, y$, und es gilt somit folgende Aussage:

Satz 3.2 *Die Lösungen der homogenen Gleichung* (3.6) *bilden einen Vektorraum.*

3.2 Charakteristische Werte und Eigenfunktionen

Die Gleichung (3.6) können wir auch in der folgenden äquivalenten Form schreiben:

$$y = \mu\, \boldsymbol{K}\, y. \tag{3.7}$$

Jene Werte des Parameters μ, für die Gleichung (3.7) eine nichttriviale Lösung besitzt, werden *charakteristische Werte des Kerns* $K(t,\tau)$ (oder *des Operators* $\boldsymbol{K}$) genannt. Es sei nun μ_0 ein solcher charakteristischer Wert des Operators $\boldsymbol{K}$ und $\varphi_0(t)$ eine nichttriviale Lösung der Gleichung (3.7) für $\mu = \mu_0$, d.h., es gelte

$$\varphi_0 = \mu_0\, \boldsymbol{K}\, \varphi_0.$$

Dann nennen wir φ_0 eine ***Eigenfunktion des Kerns*** $K(t,\tau)$ (bzw. ***des Operators*** $\boldsymbol{K}$) mit μ_0 als zugehörigem charakteristischem Wert.

Nach Satz 3.2 ist eine beliebige Linearkombination von Eigenfunktionen zum gleichen charakteristischen Wert μ_0 wieder eine Eigenfunktion zum charakteristischen Wert μ_0. (Dies gilt natürlich nur unter der Voraussetzung, daß diese Linearkombination nicht identisch Null ist.)

Die Maximalzahl s linear unabhängiger Eigenfunktionen zum charakteristischen Wert μ_0 heißt *Vielfachheit des charakteristischen Wertes* μ_0. Mit anderen Worten, die Zahl s ist die Dimension des Vektorraumes aller Lösungen der Gleichung $y = \mu_0 \boldsymbol{K} y$. Falls $s = 1$ ist, heißt der charakteristische Wert μ_0 *einfach*, anderenfalls (d.h. für $s > 1$) *mehrfach* (s*–fach*).

Eine Zahl μ_0 heißt *regulärer Wert* (des Operators $\boldsymbol{K}$), wenn sie kein charakteristischer Wert des Operators $\boldsymbol{K}$ ist.

Bemerkung 3.1 Zahlen μ, die wir hier als *charakteristische Werte* bezeichnen, werden oft auch *Eigenwerte* (des Operators $\boldsymbol{K}$) genannt (vgl. [SCH, S. 10]). Da aber in der allgemeinen Theorie der Terminus "Eigenwert" für Zahlen λ verwendet wird, für die eine nichttriviale Lösung y der Gleichung

$$\lambda y = \boldsymbol{K} y$$

existiert (vgl. z.B. [HAC, S. 162]), benutzen wir hier die früher verbreitete, heute aber weniger geläufige Bezeichnung *charakteristischer Wert.* In diesem Sinne gilt also die Beziehung

$$\text{Eigenwert} = \frac{1}{\text{charakteristischer Wert}}.$$

Wir betrachten nun die i n h o m o g e n e Gleichung (3.4). Wie wir später sehen werden, ist diese Gleichung n i c h t i m m e r l ö s b a r . Falls aber eine Lösung existiert, hängt ihre Eindeutigkeit eng mit den Eigenschaften der homogenen Gleichung (3.6) zusammen.

Satz 3.3 *Die inhomogene Gleichung* (3.4) *sei lösbar. Dann ist die Lösung von* (3.4) *genau dann eindeutig bestimmt, wenn die zugehörige homogene Gleichung* (3.6) *nur die triviale Lösung besitzt.*

Beweis Wir bezeichnen mit $u(t)$ die Lösung der Gleichung (3.4), deren Existenz wir voraussetzen.

N o t w e n d i g k e i t . Es sei $u(t)$ eindeutig bestimmt. Falls die homogene Gleichung (3.6) eine nichttriviale Lösung $\varphi(t)$ hat, ist auch die Funktion

$v(t) = u(t) + \varphi(t)$ eine Lösung der inhomogenen Gleichung (3.4), denn es gilt: $\boldsymbol{L}(u+\varphi) = \boldsymbol{L}\,u + \boldsymbol{L}\,\varphi = f + 0 = f$. Dabei ist $u(t) \neq v(t)$, was der Eindeutigkeit widerspricht. Folglich hat die homogene Gleichung nur die triviale Lösung.

Hinlänglichkeit. Die homogene Gleichung (3.6) habe nur die triviale Lösung. Wir setzen voraus, daß die Gleichung (3.4) neben der Lösung $u(t)$ noch eine weitere Lösung $v(t)$ mit $v(t) \neq u(t)$ hat. Dann ist die Funktion $\varphi(t) = u(t) - v(t)$ eine nichttriviale Lösung der Gleichung (3.6). Wir haben also wieder einen Widerspruch zur Voraussetzung erhalten, und die Gleichung (3.4) hat daher nur eine einzige Lösung $u(t)$.

Satz 3.4 *Der charakteristische Wert μ_0 habe eine endliche Vielfachheit s, und $\varphi_1(t), \varphi_2(t), \ldots, \varphi_s(t)$ seien s linear unabhängige Eigenfunktionen des Kerns $K(t,\tau)$ zum charakteristischen Wert μ_0. Dann kann man die allgemeine Lösung $\varphi(t)$ der homogenen Gleichung*

$$y(t) - \mu_0 \int_a^b K(t,\tau) y(\tau) \mathrm{d}\tau = 0 \tag{3.8}$$

in der folgenden Form schreiben:

$$\varphi(t) = c_1\varphi_1(t) + c_2\varphi_2(t) + \ldots + c_s\varphi_s(t)$$

mit beliebigen Konstanten $c_1, c_2, \ldots, c_s$.

Hat die inhomogene Gleichung

$$y(t) - \mu_0 \int_a^b K(t,\tau) y(\tau) \mathrm{d}\tau = f(t) \tag{3.9}$$

eine Lösung $Y(t)$, dann ist auch jede Funktion der Form

$$y(t) = \varphi(t) + Y(t)$$

eine Lösung der inhomogenen Gleichung (3.9). Mit anderen Worten, die allgemeine Lösung der inhomogenen Gleichung (3.9) ist die Summe der allgemeinen Lösung der homogenen Gleichung (3.8) und irgendeiner Lösung der inhomogenen Gleichung (3.9).

Der Beweis dieses Satz folgt aus der Linearität der Operators $\boldsymbol{L}$ und sei dem Leser überlassen.

Alle in diesem Abschnitt formulierten Aussagen sind Folgerungen aus der Linearität des Operators $\boldsymbol{L}$; wir werden diese im folgenden öfters benutzen. Es sei bemerkt, daß wir – mit Ausnahme des trivialen Falles in Satz 3.1 – die Existenz der Lösung stets vorausgesetzt haben. Im weiteren werden wir uns vor allem auf die Frage der Existenz einer Lösung und auf ihre Berechnung (näherungsweise) konzentrieren.

Im folgenden Abschnitt beschreiben wir eine einfache und naheliegende Methode, mit deren Hilfe man nicht nur zeigen kann, daß eine Lösung der Integralgleichung existiert, sondern diese Lösung auch näherungsweise bestimmen kann.

4 Die Methode der schrittweisen Näherungen

4.1 Die Fredholmsche Integralgleichung zweiter Art

Wir werden die Existenz einer Lösung der Integralgleichung

$$y(t) - \mu \int_a^b K(t,\tau)y(\tau)\mathrm{d}\tau = f(t) \tag{4.1}$$

für gewisse reguläre Werte des Parameters μ beweisen. Es bezeichne

$$L = \max_{(t,\tau)\in Q} |K(t,\tau)|.$$

Wie schon erwähnt, ist der Kern $K(t,\tau)$ eine auf Q stetige Funktion und $f \in C([a,b])$. Die Lösung y wird im Raum $C([a,b])$ gesucht. Hieraus folgt u.a., daß der Wert L endlich ist und daß es einen Punkt $(t_0, \tau_0) \in Q$ gibt, für den $|K(t_0,\tau_0)| = L$ gilt.

Satz 4.1 *Es sei*

$$|\mu| < \frac{1}{(b-a)L}\,. \tag{4.2}$$

Dann existiert genau eine Lösung der Gleichung (4.1).

Beweis Wir definieren rekursiv eine Folge von Funktionen $y_0(t), y_1(t), \ldots$ durch die folgenden Beziehungen

$$\begin{aligned}
y_0(t) &= f(t) \\
y_1(t) &= f(t) + \mu \int_a^b K(t,\tau)y_0(\tau)\mathrm{d}\tau, \\
&\cdots\cdots\cdots\cdots\cdots\cdots \\
y_n(t) &= f(t) + \mu \int_a^b K(t,\tau)y_{n-1}(\tau)\mathrm{d}\tau, \\
&\cdots\cdots\cdots\cdots\cdots\cdots
\end{aligned} \tag{4.3}$$

und bilden dann die unendliche Reihe

$$\begin{aligned}
&y_0(t) + (y_1(t) - y_0(t)) + (y_2(t) - y_1(t)) + \cdots \\
&\cdots + (y_n(t) - y_{n-1}(t)) + \cdots = y_0(t) + \sum_{n=1}^{\infty}(y_n(t) - y_{n-1}(t)).
\end{aligned} \tag{4.4}$$

Wegen (4.3) ist

$$\begin{aligned} y_1(t) - y_0(t) &= \mu \int_a^b K(t,\tau) y_0(\tau) \mathrm{d}\tau, \\ y_2(t) - y_1(t) &= \mu \int_a^b K(t,\tau)[y_1(\tau) - y_0(\tau)] \mathrm{d}\tau, \\ y_n(t) - y_{n-1}(t) &= \mu \int_a^b K(t,\tau)[y_{n-1}(\tau) - y_{n-2}(\tau)] \mathrm{d}\tau, \quad n \geq 3. \end{aligned}$$

Setzen wir $M = \max_{\tau \in [a,b]} |f(\tau)|$, dann folgt

$$|y_1(t) - y_0(t)| \leq |\mu| \max_Q |K(t,\tau)| \max_{\tau \in [a,b]} |f(\tau)|(b-a) = |\mu| LM(b-a),$$

und mit Hilfe dieser Abschätzung haben wir

$$|y_2(t) - y_1(t)| \leq |\mu| \int_a^b |K(t,\tau)||y_1(\tau) - y_0(\tau)| \mathrm{d}\tau \leq \mu^2 L^2 M(b-a)^2.$$

Mittels Induktion erhalten wir die Beziehungen

$$|y_n(t) - y_{n-1}(t)| \leq |\mu| \int_a^b |K(t,\tau)||y_{n-1}(\tau) - y_{n-2}(\tau)| \mathrm{d}\tau \leq |\mu|^n L^n M(b-a)^n.$$

Aus diesen Ungleichungen folgt, daß die geometrische Reihe mit dem Quotienten $|\mu| L(b-a)$ eine M a j o r a n t e der Funktionenreihe (4.4) im Intervall $[a,b]$ ist. Da diese geometrische Reihe wegen der Bedingung (4.2) konvergent ist, konvergiert nach dem Weierstraßschen Kriterium auch die Reihe (4.4) im Intervall $[a,b]$ absolut und gleichmäßig. Die n−te Partialsumme dieser Reihe ist gleich $y_n(t)$, denn

$$y_n(t) = y_0(t) + \sum_{k=1}^{n} (y_k(t) - y_{k-1}(t)).$$

Wir bezeichnen den Grenzwert $\lim_{n \to \infty} y_n(t)$ mit $u(t)$:

$$\lim_{n \to \infty} y_n(t) = u(t). \tag{4.5}$$

Da die Funktionen $y_n(t)$ stetig sind und gleichmäßig gegen $u(t)$ konvergieren, ist auch $u(t)$ eine im Intervall $[a,b]$ stetige Funktion. Dabei gilt

$$\left| \int_a^b K(t,\tau) u(\tau) \mathrm{d}\tau - \int_a^b K(t,\tau) y_n(\tau) \mathrm{d}\tau \right|$$

$$\leq \int_a^b |K(t,\tau)||u(\tau) - y_n(\tau)| \mathrm{d}\tau \leq L \int_a^b |u(\tau) - y_n(\tau)| \mathrm{d}\tau.$$

Aus der gleichmäßigen Konvergenz der Funktionen $y_n(t)$ gegen $u(t)$ folgt, daß wir den Grenzübergang mit der Integration vertauschen können:

$$\lim_{n\to\infty} \int_a^b K(t,\tau)y_n(\tau)\mathrm{d}\tau = \int_a^b K(t,\tau)u(\tau)\mathrm{d}\tau. \tag{4.6}$$

Wenn wir in der Beziehung

$$y_n(t) = f(t) + \mu \int_a^b K(t,\tau)y_{n-1}(\tau)\mathrm{d}\tau$$

für $n \to \infty$ zum Grenzwert übergehen, erhalten wir unter Berücksichtigung von (4.5) und (4.6) die Beziehung

$$u(t) = f(t) + \mu \int_a^b K(t,\tau)u(\tau)\mathrm{d}\tau,$$

d.h., u ist eine L ö s u n g der Integralgleichung (4.1).

Es bleibt noch die E i n d e u t i g k e i t dieser Lösung zu beweisen. Man setze deshalb voraus, daß es neben $u(t)$ noch eine Lösung $v(t)$ gibt. Dann erfüllt die Differenz $u - v$ die Integralgleichung:

$$u(t) - v(t) = \mu \int_a^b K(t,\tau)[u(\tau) - v(\tau)]\mathrm{d}\tau.$$

Hieraus folgt

$$\max_{t\in[a,b]} |u(t) - v(t)| \le |\mu| L(b-a) \max_{\tau\in[a,b]} |u(\tau) - v(\tau)|. \tag{4.7}$$

Falls $u(t) \ne v(t)$, ist $\max_{t\in[a,b]} |u(t) - v(t)| > 0$, und mit (4.7) erhalten wir

$$1 \le |\mu| L(b-a).$$

Das steht aber im Widerspruch zur Voraussetzung (4.2). Es muß deshalb $u(t) = v(t)$ gelten für alle $t \in [a,b]$, d.h., die Lösung $u(t)$ der Gleichung (4.1) ist e i n d e u t i g bestimmt. Die mit Hilfe der Formeln (4.3) konstruierten Funktionen $y_0(t), y_1(t), \ldots$ werden s c h r i t t w e i s e N ä h e r u n g e n d e r L ö s u n g d e r G l e i c h u n g (4.1) genannt.

Bemerkung 4.1 Der Beweis von Satz 4.1 gibt auch gleichzeitig an, wie man die Lösung der Gleichung (4.1) näherungsweise berechnen kann. Der A l g o - r i t h m u s zur Berechnung der Funktionen $y_n(t)$ ist durch die Formeln (4.3) gegeben. Dabei ist klar, daß die Konvergenz der schrittweisen Näherungen n i c h t von der Wahl der nullten Approximation $y_0(t)$ abhängt. Im Beweis haben wir $y_0 = f$ gewählt, allgemein kann jedoch $y_0 = y_0(t)$ eine beliebige Funktion aus $C([a,b])$ sein.

Wenn wir uns bei der Berechnung der Reihe (4.4) auf die ersten n Glieder beschränken, machen wir einen Fehler, der den Rest nach dem n−ten Glied der geometrischen Reihe

$$M\sum_{k=1}^{\infty}|\mu|^k(L(b-a))^k$$

nicht überschreiten wird. Diesen Rest können wir einfach berechnen: er ist

$$M\frac{|\mu|^{n+1}(L(b-a))^{n+1}}{1-|\mu|L(b-a)}. \tag{4.8}$$

Falls wir in Satz 4.1 die Voraussetzung (4.2) durch die Voraussetzung

$$|\mu|<\frac{1}{\|K\|}$$

mit $\|K\| = \max\limits_{t\in[a,b]}\int_a^b |K(t,\tau)|\mathrm{d}\tau$ ersetzen, können wir den Beweis im Grunde genommen auf die gleiche Weise führen. Da in diesem Falle

$$\|K\|\leq \max_Q|K(t,\tau)|(b-a)=L(b-a)$$

gilt, erhalten wir eine s t ä r k e r e A u s s a g e (das Intervall der zulässigen Werte μ vergrößert sich).

Beispiel 4.1 Wir betrachten die Integralgleichung

$$y(t)-\mu\int_0^1 K(t,\tau)y(\tau)\mathrm{d}\tau = 1 \tag{4.9}$$

mit dem Kern

$$K(t,\tau)=\begin{cases} t & \text{für } 0\leq t\leq \tau,\\ \tau & \text{für } \tau\leq t\leq 1.\end{cases}$$

In der Gleichung (4.1) ist also $a=0$, $b=1$, $f(t)\equiv 1$ in $[0,1]$, $L=1$ und $M=1$. Unter der Voraussetzung $|\mu|<1$ [vgl. (4.2)] konvergieren also die schrittweisen Näherungen (4.3) gegen die eindeutig bestimmte Lösung der Gleichung (4.9). Wir berechnen diese Lösung näherungsweise für $\mu=\frac{1}{10}$, wobei wir uns auf die ersten zwei Approximationen beschränken:

$$\begin{aligned} y_0(t)&=1,\\ y_1(t)&=1+\frac{1}{10}t-\frac{1}{20}t^2,\\ y_2(t)&=1+\frac{31}{300}t-\frac{1}{20}t^2-\frac{1}{600}t^3+\frac{1}{2400}t^4.\end{aligned}$$

Aus der Beziehung (4.8) folgt, daß die zweite Approximation höchstens um

$$\frac{(0,1)^3}{1-0,1} \approx 0,001\,1$$

von der exakten Lösung abweicht.

4.2 Die Volterrasche Integralgleichung zweiter Art

Wir werden nun die Existenz einer Lösung der Integralgleichung

$$y(t) - \mu \int_a^t k(t,\tau) y(\tau) \mathrm{d}\tau = f(t) \tag{4.10}$$

beweisen. Es sei noch einmal bemerkt, daß die Gleichung (4.10) einen Spezialfall der Fredholmschen Integralgleichung mit dem Kern

$$K(t,\tau) = \begin{cases} k(t,\tau), & a \leq \tau \leq t, \\ 0, & t < \tau \leq b, \end{cases} \tag{4.11}$$

darstellt, wobei $k(t,\tau)$ eine in dem Dreieck $q = \{(t,\tau);\ a \leq t \leq b;\ a \leq \tau \leq t,\}$ stetige Funktion darstellt. Den Beweis von Satz 4.1 kann man auch für den Kern (4.11) durchführen, wenn man

$$L = \max_q |k(t,\tau)|$$

wählt. Die schrittweisen Näherungen definieren wir wie in (4.3):

$$\begin{aligned} y_0(t) &= f(t), \\ y_n(t) &= f(t) + \mu \int_a^b K(t,\tau) y_{n-1}(\tau) \mathrm{d}\tau \\ &= f(t) + \mu \int_a^t k(t,\tau) y_{n-1}(\tau) \mathrm{d}\tau, \quad n = 1,2,3,\ldots, \end{aligned}$$

und die Glieder der Reihe (4.4) schätzen wir wie folgt ab:

$$
\begin{aligned}
|y_0(t)| &= |f(t)| \le M, \\
|y_1(t) - y_0(t)| &\le |\mu| \left| \int_a^t k(t,\tau) y_0(\tau) \mathrm{d}\tau \right| \le |\mu| LM(t-a), \\
|y_2(t) - y_1(t)| &\le |\mu| \left| \int_a^t k(t,\tau) [y_1(\tau) - y_0(\tau)] \mathrm{d}\tau \right| \\
&\le |\mu|^2 L^2 M \int_a^t (\tau - a) \mathrm{d}\tau = |\mu|^2 L^2 M \frac{(t-a)^2}{2!}, \\
&\cdots\cdots\cdots\cdots\cdots\cdots \\
|y_n(t) - y_{n-1}(t)| &\le |\mu| \left| \int_a^t k(t,\tau) [y_{n-1}(\tau) - y_{n-2}(\tau)] \mathrm{d}\tau \right| \\
&\le |\mu|^n L^n M \int_a^t \frac{(\tau - a)^{n-1}}{(n-1)!} \mathrm{d}\tau = |\mu|^n L^n M \frac{(t-a)^n}{n!}.
\end{aligned}
$$

Aus diesen Abschätzungen folgt, daß die Reihe

$$
M \sum_{n=0}^{\infty} \frac{[|\mu| L(b-a)]^n}{n!} \tag{4.12}
$$

eine Majorante der Funktionenreihe (4.4) im Intervall $[a, b]$ darstellt. Die Reihe (4.12) konvergiert für einen beliebigen Wert des Parameters μ (z.B. nach dem Quotientenkriterium). Deshalb konvergiert die Funktionenreihe (4.4) nach dem Weierstraßschen Kriterium absolut und gleichmäßig im Intervall $[a, b]$. Es existiert also eine stetige Funktion $u \in C([a, b])$, gegen die die Funktionen $y_n(t)$ gleichmäßig im Intervall $[a, b]$ konvergieren [denn $y_n(t)$ ist die n−te Partialsumme der Reihe (4.4)]. Auf die gleiche Weise wie im Beweis von Satz 4.1 kann man zeigen, daß die Funktion $u(t)$ eine Lösung der Gleichung (4.1) ist.

Bevor wir nachweisen, daß die Lösung $u(t)$ eindeutig bestimmt ist, werden wir einen einfachen Hilfssatz bereitstellen.

Hilfssatz 4.1 *Es sei $w(t)$ eine stetige, nichtnegative Funktion auf dem Intervall $[a,b]$. Für jedes $t \in [a,b]$ gelte mit einer Konstante $B \geq 0$ die Ungleichung*

$$w(t) \leq B \int_a^t w(\tau) \mathrm{d}\tau. \tag{4.13}$$

Dann ist $w(t) \equiv 0$ in $[a,b]$.

Beweis Wir setzen

$$z(t) = w(t) e^{-B(t-a)}, \quad t \in [a,b].$$

Die Funktion $z(t)$ ist im Intervall $[a,b]$ stetig und nichtnegativ. Es existiert also ein Punkt $t_1 \in [a,b]$, so daß gilt:

$$z(t_1) = \max_{t \in [a,b]} z(t).$$

Aus der Ungleichung (4.13) folgt

$$e^{B(t_1-a)} z(t_1) = w(t_1) \leq B \int_a^{t_1} e^{B(t-a)} z(t) \mathrm{d}t$$

$$\leq B z(t_1) \left[\frac{e^{B(t-a)}}{B} \right]_a^{t_1} = z(t_1) e^{B(t_1-a)} - z(t_1),$$

und deshalb ist

$$z(t_1) \leq 0.$$

Da $z(t)$ im Intervall $[a,b]$ stetig und nichtnegativ ist, muß $z(t) \equiv 0$ in $[a,b]$ sein, w.z.b.w.

Bemerkung 4.2 Hilfssatz 4.1 stellt einen Spezialfall des Gronwallschen Lemmas dar, das eine wichtige Rolle in der Theorie der Differentialgleichungen spielt.

Wir zeigen nun, daß die Lösung $u(t)$ der Gleichung (4.10) eindeutig bestimmt ist. Es sei also vorausgesetzt, daß neben $u(t)$ noch eine weitere Lösung $v(t)$ existiert, d.h., es gelte

$$u(t) = \mu \int_a^t k(t,\tau) u(\tau) \mathrm{d}\tau + f(t),$$

$$v(t) = \mu \int_a^t k(t,\tau) v(\tau) \mathrm{d}\tau + f(t).$$

Wenn man die zweite Gleichung von der ersten subtrahiert, erhält man die Abschätzung

$$|u(t) - v(t)| \leq |\mu| L \int_a^t |u(\tau) - v(\tau)| \mathrm{d}\tau. \tag{4.14}$$

Setzt man $w(t) = |u(t) - v(t)|$, so folgt aus Hilfssatz 4.1 und aus (4.14), daß $u(t) \equiv v(t)$ im Interval $[a, b]$ ist.

Abschließend kann man alle in 4.2 durchgeführten Überlegungen wie folgt zusammenfassen:

Satz 4.2 *Der Kern $k(t, \tau)$ sei eine stetige Funktion auf q, f sei eine stetige Funktion in $[a, b]$, und μ sei ein reeller Parameter. Dann existiert genau eine Lösung $u \in C([a, b])$ der Volterraschen Integralgleichung* (4.10).

Korollar zu Satz 4.2 *Die Volterrasche Integralgleichung* (4.10) *hat keine charakteristischen Werte.*

Beispiel 4.2 Man löse die Integralgleichung

$$y(t) - \int_0^t e^{-t-\tau} y(\tau) \mathrm{d}\tau = \frac{e^{-t} + e^{-3t}}{2}. \tag{4.15}$$

L ö s u n g Wir benutzen die Methode der schrittweisen Näherungen. Dann ist

$$y_0(t) = \frac{e^{-t} + e^{-3t}}{2},$$

$$y_{k+1}(t) = \int_0^t e^{-t-\tau} y_k(\tau) \mathrm{d}\tau + \frac{e^{-t} + e^{-3t}}{2},$$

und wir erhalten sukzessiv

$$y_1(t) = \frac{7}{8} e^{-t} + \frac{1}{4} e^{-3t} - \frac{1}{8} e^{-5t},$$

$$y_2(t) = \frac{47}{48} e^{-t} + \frac{1}{16} e^{-3t} - \frac{3}{48} e^{-5t} + \frac{1}{48} e^{-7t},$$

$$y_3(t) = \frac{383}{384} e^{-t} + \frac{4}{384} e^{-3t} - \frac{6}{384} e^{-5t} + \frac{4}{384} e^{-7t} - \frac{1}{384} e^{-9t},$$

$$y_4(t) = \frac{3839}{3840} e^{-t} + \frac{5}{3840} e^{-3t} - \frac{10}{3840} e^{-5t} + \frac{10}{3840} e^{-7t} - \frac{5}{3840} e^{-9t} + \frac{1}{3840} e^{-11t}.$$

Die exakte Lösung der Gleichung (4.15) ist die Funktion

$$y(t) = e^{-t}$$

(der Leser möge sich davon überzeugen!), für die gilt: $y(0) = 1,000\ 00$, $y(1) = 0,367\ 88$. Zum Vergleich liefert die vierte Approximation die Werte $y_4(0) = 1,000\ 00$, $y_4(1) = 0,367\ 83$.

4.3 Iterierte Kerne

Wir werden nun Integraloperatoren $\boldsymbol{K}$ untersuchen, deren Kern $K(t,\tau)$ eine im Grundquadrat Q stetige Funktion ist. Wenn wir die Funktion $\boldsymbol{K}\,y$ mit Hilfe des Operators $\boldsymbol{K}$ abbilden, erhalten wir wiederum eine stetige Funktion

$$\boldsymbol{K}^2 y = \boldsymbol{K}(\boldsymbol{K}\,y). \tag{4.16}$$

Wir zeigen nun, daß $\boldsymbol{K}^2$ wieder ein Integraloperator ist, und bestimmen seinen Kern. Aufgrund der Beziehung (4.16) ist

$$\begin{aligned}(\boldsymbol{K}^2 y)(t) &= \int_a^b K(t,\tau)(\boldsymbol{K}\,y)(\tau)\mathrm{d}\tau = \int_a^b K(t,\tau)\left(\int_a^b K(\tau,\sigma)y(\sigma)\mathrm{d}\sigma\right)\mathrm{d}\tau \\ &= \int_a^b\left(\int_a^b K(t,\tau)K(\tau,\sigma)\mathrm{d}\tau\right)y(\sigma)\mathrm{d}\sigma = \int_a^b K_2(t,\sigma)y(\sigma)\mathrm{d}\sigma\end{aligned}$$

(da die integrierten Funktionen s t e t i g sind, kann man die Reihenfolge der Integrationen v e r t a u s c h e n). Folglich ist $\boldsymbol{K}^2$ ein I n t e g r a l o p e r a t o r mit dem Kern

$$K_2(t,\sigma) = \int_a^b K(t,\tau)K(\tau,\sigma)\mathrm{d}\tau. \tag{4.17}$$

Aus der Beziehung (4.17) folgt unmittelbar, daß die Funktion $K_2(t,\sigma)$ eine stetige Funktion von zwei Veränderlichen auf dem Grundquadrat Q ist. Wir nennen sie *zweite Iteration des Kernes* $K(t,\tau)$ (oder *zweiter iterierter Kern*). Der Übersichtlichkeit halber setzen wir $K_1(t,\tau) = K(t,\tau)$ (d.h., der ursprüngliche Kern $K(t,\tau)$ ist gleichzeitig der *erste iterierte Kern*).

Wenn wir nun die Funktion $\boldsymbol{K}^2 y$ mit Hilfe des Operators $\boldsymbol{K}$ abbilden, erhalten wir den Operator $\boldsymbol{K}^3$:

$$\boldsymbol{K}^3 y = \boldsymbol{K}(\boldsymbol{K}^2 y).$$

Ähnlich wie im Falle des zweiten iterierten Kerns können wir leicht zeigen, daß $\boldsymbol{K}^3$ ein Integraloperator mit dem Kern

$$K_3(t,\sigma) = \int_a^b K(t,\tau)K_2(\tau,\sigma)\mathrm{d}\tau$$

ist. Mittels Induktion definieren wir nun den Integraloperator $\boldsymbol{K}^n$:

$$\boldsymbol{K}^n y = \boldsymbol{K}(\boldsymbol{K}^{n-1} y).$$

Der Kern $K_n(t,\tau)$ dieses Operators hat dann die folgende Form:

$$K_n(t,\sigma) = \int_a^b K(t,\tau) K_{n-1}(\tau,\sigma) \mathrm{d}\tau.$$

Der Operator $\boldsymbol{K}^n$ wird *$n-$te Potenz des Operators* $\boldsymbol{K}$ genannt, sein Kern $K_n(t,\tau)$ dann *$n-$ter iterierter Kern* [oder *$n-$te Iteration des Kerns* $K(t,\tau)$].

Es sei bemerkt, daß man den $p-$ten iterierten Kern $K_p(t,\tau)$ auch in folgender Form darstellen kann:

$$K_p(t,\tau) = \underbrace{\int_a^b \int_a^b \cdots \int_a^b}_{(p-1)-\text{mal}} K(t,\tau_1) K(\tau_1,\tau_2) \ldots K(\tau_{p-1},\tau) \mathrm{d}\tau_1 \mathrm{d}\tau_2 \ldots \mathrm{d}\tau_{p-1}. \quad (4.18)$$

Da die Funktion $K(t,\tau)$ im Quadrat Q stetig ist, können wir die Reihenfolge der Integration im $(p-1)-$fachen Integral (4.18) beliebig vertauschen und erhalten somit die folgenden einfachen Eigenschaften der iterierten Kerne und der Potenzen des Operators $\boldsymbol{K}$.

Satz 4.3 *Für beliebige natürliche Zahlen n, m gilt*

$$\boldsymbol{K}^{n+m} = \boldsymbol{K}^n \boldsymbol{K}^m \quad (d.h.\ \ \boldsymbol{K}^{n+m} y = \boldsymbol{K}^n(\boldsymbol{K}^m y)),$$

$$K_{n+m}(t,\sigma) = \int_a^b K_n(t,\tau) K_m(\tau,\sigma) \mathrm{d}\tau.$$

4.4 Die Resolvente

Gleich am Anfang sei bemerkt, daß man alle in 4.3 durchgeführten Überlegungen auch auf den Fall eines allgemeinen einfachen Kernes $K(t,\tau)$ übertragen kann. So erhalten wir den Begriff der Potenz eines Volterraschen Integraloperators und des iterierten Kernes $k_n(t,\tau)$ mit den gleichen Eigenschaften wie in Satz 4.3. Mit Hilfe der iterierten Kerne kann man nun in expliziter Form die Lösung der Gleichung (4.1)) [bzw. (4.10)] darstellen, deren Existenz wir mit Hilfe der schrittweisen Näherungen in 4.1 (bzw. 4.2) bewiesen haben. Wir werden voraussetzen, daß der Kern $K(t,\tau)$ eine im Grundquadrat

Q stetige Funktion ist. Alle Überlegungen können aber ohne Änderung auch für allgemeine einfache Kerne $K(t,\tau)$ durchgeführt werden.

Eine Funktion $\Gamma_\mu(t,\tau)$, die auf Q definiert ist und von einem Parameter μ abhängt und mit deren Hilfe man die Lösung der Gleichung (4.1) in der Form

$$y(t) = f(t) + \mu \int_a^b \Gamma_\mu(t,\tau) f(\tau) \mathrm{d}\tau$$

schreiben kann, wird *Resolvente der Integralgleichung* (4.1) genannt.

Wir bestimmen nun die Form der Funktion $\Gamma_\mu(t,\tau)$. Dazu drücken wir die schrittweisen Näherungen mit Hilfe der iterierten Kerne und Potenzen des Operators $\boldsymbol{K}$ aus:

$$\begin{aligned}
y_0(t) &= f(t) = (\boldsymbol{I} f)(t), \\
y_1(t) &= f(t) + \mu \int_a^b K(t,\tau) f(\tau) \mathrm{d}\tau = (\boldsymbol{I} + \mu \boldsymbol{K}) f(t), \\
y_2(t) &= f(t) + \mu \int_a^b K(t,\tau) \left[f(\tau) + \mu \int_a^b K(t,\sigma) f(\sigma) \mathrm{d}\sigma \right] \mathrm{d}\tau \\
&= f(t) + \mu \int_a^b K(t,\tau) f(\tau) \mathrm{d}\tau + \mu^2 \int_a^b \left(\int_a^b K(t,\tau) K(\tau,\sigma) \mathrm{d}\tau \right) f(\sigma) \mathrm{d}\sigma \\
&= f(t) + \mu \int_a^b K_1(t,\tau) f(\tau) \mathrm{d}\tau + \mu^2 \int_a^b K_2(t,\sigma) f(\sigma) \mathrm{d}\sigma \\
&= (\boldsymbol{I} + \mu \boldsymbol{K} + \mu^2 \boldsymbol{K}^2) f(t).
\end{aligned}$$

Durch Induktion erhalten wir die n-te Näherung in der Form

$$y_n(t) = f(t) + \sum_{k=1}^{n} \mu^k \int_a^b K_k(t,\tau) f(\tau) \mathrm{d}\tau = (\boldsymbol{I} + \mu \boldsymbol{K} + \cdots + \mu^n \boldsymbol{K}^n) f(t).$$

Hieraus erhalten wir durch Grenzübergang $n \to \infty$ den folgenden Ausdruck für die Lösung $u(t)$:

$$y(t) = f(t) + \sum_{n=1}^{\infty} \mu^n \int_a^b K_n(t,\tau) f(\tau) \mathrm{d}\tau = f(t) + \mu \int_a^b \Gamma_\mu(t,\tau) f(\tau) \mathrm{d}\tau, \tag{4.19}$$

wobei wir die Bezeichnung

$$\begin{aligned}
\Gamma_\mu(t,\tau) &= K_1(t,\tau) + \mu K_2(t,\tau) + \cdots + \mu^n K_{n+1}(t,\tau) + \cdots \\
&= \sum_{n=1}^{\infty} \mu^{n-1} K_n(t,\tau)
\end{aligned} \tag{4.20}$$

benutzt haben. Es sei noch bemerkt, daß die Reihe (4.20) im Grundquadrat Q gleichmäßig konvergiert, falls $|\mu| < [L(b-a)]^{-1}$ ist. Deshalb war es möglich, in (4.19) die Reihenfolge der Summation und Integration zu vertauschen.

Die Funktion $\Gamma_\mu(t,\tau)$ ist Resolvente (oder *lösender Kern*) der Integralgleichung

$$y(t) - \mu \int_a^b K(t,\tau) y(\tau) \mathrm{d}\tau = f(t).$$

Mit Hilfe der Potenzen des Operators $\boldsymbol{K}$ können wir die schrittweisen Näherungen $y_n(t)$ und die Lösung $y(t)$ in folgender, äquivalenter Form schreiben:

$$y_n = (\boldsymbol{I} + \mu \boldsymbol{K} + \mu^2 \boldsymbol{K}^2 + \cdots + \mu^n \boldsymbol{K}^n) f,$$
$$y = (\boldsymbol{I} + \mu \boldsymbol{K} + \mu^2 \boldsymbol{K}^2 + \cdots + \mu^n \boldsymbol{K}^n + \cdots) f.$$

Bemerkung 4.3 Die Resolvente $\Gamma_\mu(t,\tau)$ in Formel (4.20) ist nur für jene Werte des Parameters μ definiert, welche die Ungleichung $|\mu| < [L(b-a)]^{-1}$ erfüllen, wohingegen im Falle einer Volterraschen Integralgleichung die Resolvente für alle endlichen Werte des Parameters μ definiert ist. Die entsprechende Reihe (4.20) [wo wir nun $k_n(t,\tau)$ statt $K_n(t,\tau)$ schreiben] konvergiert nämlich gleichmäßig in q für einen beliebigen endlichen Wert μ (siehe 4.2). In 6.3 werden wir zeigen, daß man für Fredholmsche Integralgleichungen den Begriff der Resolvente auch dann einführen kann, wenn der Parameter μ die Ungleichung $|\mu| < [L(b-a)]^{-1}$ n i c h t erfüllt.

Beispiel 4.3 Wir betrachten die Volterrasche Integralgleichung

$$y(t) - \mu \int_0^t e^{t-\tau} y(\tau) \mathrm{d}\tau = f(t) \tag{4.21}$$

und bestimmen ihre iterierten Kerne und ihre Resolvente.

L ö s u n g Aufgrund der Beziehung (4.17) haben wir

$$\begin{aligned} K_2(t,\tau) &= \int_a^b K(t,\sigma) K(\sigma,\tau) \mathrm{d}\sigma, \quad t \geq \tau; \\ K_2(t,\tau) &= 0, \quad t < \tau. \end{aligned} \tag{4.22}$$

Da jedoch $K(t,\sigma) = 0$ für $\sigma \geq t$ und $K(\sigma,\tau) = 0$ für $\sigma \leq \tau$ ist, hat (4.22) die folgende Form:

$$K_2(t,\tau) = \int_\tau^t e^{t-\sigma} e^{\sigma-\tau} \mathrm{d}\sigma = (t-\tau) e^{t-\tau}.$$

Ähnlich finden wir

$$K_3(t,\tau) = \frac{(t-\tau)^2}{2!}e^{t-\tau}$$

und allgemein

$$K_n(t,\tau) = \frac{(t-\tau)^{n-1}}{(n-1)!}e^{t-\tau}.$$

Die Resolvente hat also die Form

$$\Gamma_\mu(t,\tau) = e^{t-\tau}\sum_{n=1}^{\infty}\frac{\mu^{n-1}(t-\tau)^{n-1}}{(n-1)!} = e^{t-\tau}e^{\mu(t-\tau)} = e^{(\mu+1)(t-\tau)}.$$

Es ist hervorzuheben, daß dieser Ausdruck die Resolvente der Integralgleichung (4.21) nur für $t \geq \tau$ bestimmt. Für $\tau > t$ ist $\Gamma_\mu(t,\tau) = 0$. Die Lösung der Gleichung (4.21) kann also in expliziter Form folgendermaßen geschrieben werden:

$$y(t) = f(t) + \mu\int_0^t e^{(\mu+1)(t-\tau)}f(\tau)\mathrm{d}\tau$$

[vgl. mit (4.19)].

4.5 Aufgaben

4.5.1 Man überzeuge sich, daß die schrittweisen Näherungen für die Integralgleichung

$$y(t) = \int_0^1 t(t-e^{t\tau})y(\tau)\mathrm{d}\tau + e^t - t$$

konvergieren und bestimme die Näherungslösung dieser Gleichung mit einer Genauigkeit von 10^{-3}.

4.5.2 Man löse mit Hilfe der Methode der schrittweisen Näherungen die Integralgleichung

$$y(t) + \frac{2}{\pi}\int_0^{2\pi}\frac{y(\tau)}{5-3\cos(t+\tau)}\mathrm{d}\tau = f(t),$$

wobei $f(t) = \frac{1}{\pi}\sin t$ für $0 \leq t \leq \pi$ und $f(t) \equiv 0$ für $\pi \leq t \leq 2\pi$ ist.

4.5.3 Man löse mit Hilfe der Methode der schrittweisen Näherungen die Integralgeichung

$$y(t) - \int_0^1 t\tau^2 y(\tau)\mathrm{d}\tau = 1.$$

4.5.4 Mit Hilfe der Methode der schrittweisen Näherungen zeige man, daß die Funktion $y(t) = \sin t$ eine Lösung der Integralgleichung

$$y(t) + \int_0^t (t-\tau)y(\tau)\mathrm{d}\tau = t$$

ist.

Spezielle Integralgleichungen. Allgemeine Aussagen zur Lösbarkeit

5 Gleichungen mit Faltungskern

In diesem Abschnitt werden wir uns mit Volterraschen Integralgleichungen befassen, deren Kern von spezieller Form ist. Wir setzen voraus, daß $k = k(x)$ eine stetige, reellwertige Funktion der reellen Veränderlichen x ist. Eine Gleichung der Form

$$y(t) = \int_0^t k(t-\tau)y(\tau)\mathrm{d}\tau + f(t) \tag{5.1}$$

nennen wir *Volterrasche Integralgleichung zweiter Art mit Faltungskern.*

5.1 Faltung zweier Funktionen

Es seien g und h zwei auf dem Intervall $[0,\infty)$ definierte Funktionen. Dann ist das Integral

$$l(t) = \int_0^t g(t-\tau)h(\tau)\mathrm{d}\tau \tag{5.2}$$

eine auf dem Intervall $[0,\infty)$ stetige Funktion und wird *Faltung von g und h* genannt. Wir führen für (5.2) die symbolische Bezeichnung

$$l = g * h \tag{5.3}$$

ein.

Mit Hilfe dieser Schreibweise kann man nun die Gleichung (5.1) mit Faltungskern in folgender äquivalenter Form ausdrücken:

$$y(t) = (k * y)(t) + f(t). \tag{5.4}$$

Bei der Lösung von Gleichungen vom Typ (5.4) können wir bekannte Eigenschaften der Faltung ausnützen. Im Zusammenhang mit der Laplace-Transformation $\mathcal{L}$ (siehe z.B. [BHW]) ist vor allem die Formel

$$\mathcal{L}(g * h)(t) = (\mathcal{L}g)(t)(\mathcal{L}h)(t)$$

recht nützlich.

5.2 Die Laplace–Transformierte der Gleichung (5.1)

Wenn wir auf die Gleichung (5.1) die Laplace–Transformation $\mathcal{L}$ anwenden, erhalten wir die folgende Gleichung für die Laplace–Transformierten:

$$Y(p) = K(p)Y(p) + F(p), \tag{5.5}$$

wobei $Y(p) = \mathcal{L}y(t)$, $K(p) = \mathcal{L}k(t)$ und $F(p) = \mathcal{L}f(t)$ ist. Aus (5.5) können wir leicht die Laplace–Transformierte $Y(p)$ der Lösung $y(t)$ berechnen:

$$Y(p) = \frac{F(p)}{1 - K(p)}. \tag{5.6}$$

5.3 Übergang zur ursprünglichen Gleichung

Zur Bestimmung der Originalfunktion $y(t)$, welche die Integralgleichung (5.1) löst , benutzen wir die L a p l a c e - U m k e h r f o r m e l , d.h. die *inverse* Laplace–Transformation $\mathcal{L}^{-1}$. Die Beziehung (5.5) können wir unter Verwendung von (5.6) in der Form

$$Y(p) = F(p) + \frac{K(p)}{1 - K(p)}F(p) \tag{5.7}$$

schreiben. Für $|K(p)| \leq 1$ ist außerdem

$$\frac{K(p)}{1 - K(p)} = \sum_{n=1}^{\infty}[K(p)]^n.$$

Wenden wir auf beide Seiten dieser Formel die Abbildung $\mathcal{L}^{-1}$ an, so erhalten wir

$$\mathcal{L}^{-1}\left(\frac{K(p)}{1 - K(p)}\right) = \sum_{n=1}^{\infty} k_n(t), \tag{5.8}$$

wobei aufgrund der Eigenschaften der Faltung gilt:

$$k_1(t) = k(t), \quad k_2(t) = k(t) * k(t), \quad k_3(t) = k(t) * k(t) * k(t), \ldots,$$
$$k_n(t) = k(t) * k(t) * \cdots * k(t) \quad (n\text{–mal}), \ldots.$$

Bezeichnen wir

$$\Gamma(t) = \mathcal{L}^{-1}\left(\frac{K(p)}{1 - K(p)}\right),$$

dann gewinnen wir mit Hilfe der Laplace–Umkehrformel aus (5.7) die Beziehung

$$y(t) = f(t) + (\Gamma * f)(t). \tag{5.9}$$

Diese läßt sich auch in der folgenden äquivalenten Form schreiben:

$$y(t) = f(t) + \int_0^t \Gamma(t-\tau) f(\tau) \mathrm{d}\tau.$$

Die Funktion $\Gamma(t)$ ist also Resolvente (vgl. 4.4) der Volterraschen Integralgleichung (5.1) mit Faltungskern, d.h. der Gleichung

$$y(t) = \int_0^t k(t-\tau) y(\tau) \mathrm{d}\tau + f(t).$$

In konkreten Fällen benutzt man bei der Rücktransformation $y(t) = \mathcal{L}^{-1}(Y(p))$ die Zerlegung von $Y(p)$ in Partialbrüche und eine Formelsammlung mit Korrespondenzlisten der Laplace–Transformation.

Beispiel 5.1 Man löse die Integralgleichung

$$y(t) = \frac{1}{2} \int_0^t (t-\tau)^2 y(\tau) \mathrm{d}\tau + \sin t. \tag{5.10}$$

L ö s u n g Es handelt sich um eine Gleichung der Form (5.1) mit $k(x) = \frac{1}{2}x^2$, $f(t) = \sin t$. Für die Laplace–Transformierten der entsprechenden Ausdrücke in Gleichung (5.10) gilt also

$$\mathcal{L}y(t) = Y(p), \quad \mathcal{L}\sin t = \frac{1}{p^2+1},$$

$$\mathcal{L}\left(\int_0^1 \frac{1}{2}(t-\tau)^2 y(\tau) \mathrm{d}\tau\right) = \mathcal{L}(k * y) = \frac{1}{p^3} Y(p),$$

und die Laplace–Transformierte der Gleichung (5.10) hat die Form

$$Y(p) = \frac{1}{p^3} Y(p) + \frac{1}{p^2+1}.$$

Hieraus folgt

$$Y(p) = \frac{p^3}{(p-1)(p^2+1)(p^2+p+1)}. \tag{5.11}$$

Beim Übergang zur Lösung $y(t)$ zerlegen wir zunächst die rechte Seite von (5.11) in Partialbrüche:

$$Y(p) = \frac{1}{6(p-1)} + \frac{p+1}{2(p^2+1)} - \frac{2\left(p+\frac{1}{2}\right)}{3(p^2+p+1)}$$

und finden - z.B. mit Hilfe einer Tabelle der Laplace–Transformierten - die Originalfunktionen zu den einzelnen Summanden. Aus der Linearität der Abbildung $\mathcal{L}^{-1}$ folgt dann

$$y(t) = \frac{1}{6}\left(e^t + 3\cos t + 3\sin t - 4e^{-\frac{1}{2}t}\cos\frac{3}{2}t\right).$$

Beispiel 5.2 Man löse die Integralgleichung

$$y(t) = \int_0^t \sin(t-\tau)y(\tau)\mathrm{d}\tau + t. \tag{5.12}$$

L ö s u n g Für die Laplace–Transformierten der einzelnen Ausdrücke in der Gleichung (5.12) gilt:

$$\mathcal{L}y(t) = Y(p), \quad \mathcal{L}t = \frac{1}{p^2}, \quad \mathcal{L}\sin t = \frac{1}{p^2+1},$$

$$\mathcal{L}\left(\int_0^t \sin(t-\tau)y(\tau)\mathrm{d}\tau\right) = \mathcal{L}(\sin t * y(t)) = \frac{1}{p^2+1}Y(p).$$

Gleichung (5.12) wird unter $\mathcal{L}$ abgebildet in die Gleichung

$$Y(p) = \frac{1}{p^2+1}Y(p) + \frac{1}{p^2},$$

also ist

$$Y(p) = \frac{1}{p^2} + \frac{1}{p^4},$$

und die entsprechende Originalfunktion hat die Form

$$y(t) = t + \frac{t^3}{6}.$$

Die Laplace–Transformation kann man auch zur Lösung von Systemen Volterrascher Integralgleichungen mit Faltungskernen benutzen.

Beispiel 5.3 Man löse das System z w e i e r Integralgleichungen

$$\begin{aligned} y_1(t) &= 1 - 2\int_0^t e^{2(t-\tau)}y_1(\tau)\mathrm{d}\tau + \int_0^t y_2(\tau)\mathrm{d}\tau, \\ y_2(t) &= 4t - \int_0^t y_1(\tau)\mathrm{d}\tau + 4\int_0^t (t-\tau)y_2(\tau)\mathrm{d}\tau. \end{aligned} \tag{5.13}$$

L ö s u n g Wenn man zu Laplace–Transformierten übergeht, erhält man das folgende System algebraischer Gleichungen:

$$Y_1(p) = \frac{1}{p} - \frac{2}{p-2}Y_1(p) + \frac{1}{p}Y_2(p),$$
$$Y_2(p) = \frac{4}{p^2} - \frac{1}{p}Y_1(p) + \frac{4}{p^2}Y_2(p).$$

Wir berechnen die Lösungen $Y_1(p)$, $Y_2(p)$ und zerlegen sie in Partialbrüche

$$Y_1(p) = \frac{p}{(p+1)^2} = \frac{1}{p+1} - \frac{1}{(p+1)^2},$$
$$Y_2(p) = \frac{3p+2}{(p-2)(p+1)^2} = \frac{8}{9}\frac{1}{p-2} + \frac{1}{3}\frac{1}{(p+1)^2} - \frac{8}{9}\frac{1}{p+1}.$$

Die Lösung des Systems (5.13) erhalten wir, indem wir zu den Originalfunktionen zurückkehren:

$$y_1(t) = e^{-t} - te^{-t}, \quad y_2(t) = \frac{8}{9}e^{2t} + \frac{1}{3}te^{-t} - \frac{8}{9}e^{-t}.$$

Beispiel 5.4 Man löse das System von Integralgleichungen

$$\begin{aligned} y_1(t) &= \sin t + \int_0^t y_2(\tau)\mathrm{d}\tau, \\ y_2(t) &= 1 - \cos t - \int_0^t y_1(\tau)\mathrm{d}\tau. \end{aligned} \tag{5.14}$$

L ö s u n g Wenn wir auf (5.14) die Laplace–Transformation anwenden, erhalten wir das System

$$Y_1(p) = \frac{1}{p^2+1} + \frac{1}{p}Y_2(p),$$
$$Y_2(p) = \frac{1}{p} - \frac{p}{p^2+1} - \frac{1}{p}Y_1(p).$$

Dessen Lösung sind die Funktionen

$$Y_1(p) = \frac{1}{p^2+1}, \quad Y_2(p) = 0.$$

Die Lösung des ursprünglichen Systems (5.14) lautet daher

$$y_1(t) = \sin t, \quad y_2(t) = 0.$$

5.4 Aufgaben

5.4.1 Man überprüfe die in den Beispielen 5.1 bis 5.4 durchgeführten Berechnungen.

5.4.2 Man löse die folgenden Integralgleichungen:

(a) $y(t) = \cos t + \int_0^t (t-\tau) y(\tau) \mathrm{d}\tau.$

(b) $y(t) = t + \frac{1}{2} \int_0^t (t-\tau)^2 y(\tau) \mathrm{d}\tau.$

(c) $y(t) = \sin t + 2 \int_0^t \cos(t-\tau) y(\tau) \mathrm{d}\tau.$

(d) $y(t) = \sinh t - \int_0^t \cosh(t-\tau) y(\tau) \mathrm{d}\tau.$

(e) $y(t) = 1 + \frac{1}{6} \int_0^t (t-\tau)^3 y(\tau) \mathrm{d}\tau.$

(f) $y(t) = e^{-t} + \frac{1}{2} \int_0^t (t-\tau)^2 y(\tau) \mathrm{d}\tau.$

5.4.3 Man löse das folgende System zweier Integralgleichungen:

$$y_1(t) = e^t + \int_0^t y_1(\tau) \mathrm{d}\tau - \int_0^t e^{(t-\tau)} y_2(\tau) \mathrm{d}\tau,$$

$$y_2(t) = -t - \int_0^t (t-\tau) y_1(\tau) \mathrm{d}\tau + \int_0^t y_2(\tau) \mathrm{d}\tau.$$

6 Integralgleichungen mit ausgeartetem Kern

Zwischen der Theorie der Integralgleichungen und der Theorie linearer (algebraischer) Gleichungssysteme besteht ein enger Zusammenhang. Dieser Zusammenhang wird besonders deutlich bei den Gleichungen, die wir nun betrachten. Die folgenden Aussagen gelten in der Tat viel allgemeiner; später werden wir sie in 7.4 zusammenfassen.

6.1 Der ausgeartete Kern

Wir betrachten nun die Integralgleichung

$$y(t) = f(t) + \mu \int_a^b K(t,\tau)y(\tau)\mathrm{d}\tau, \quad \mu \neq 0, \tag{6.1}$$

deren Kern die folgende Form hat:

$$K(t,\tau) = \sum_{j=1}^{n} \alpha_j(t)\beta_j(\tau). \tag{6.2}$$

Ein solcher Kern heißt *ausgeartet.* Wir setzen voraus, daß die Funktionen α_j, β_j, $j = 1, 2, \ldots, n$, auf dem Intervall $[a, b]$ stetig sind, und zeigen nun, daß man o.B.d.A. die Systeme $\{\alpha_j\}_{j=1}^n$ und $\{\beta_j\}_{j=1}^n$ als *linear unabhängig* voraussetzen kann.

So enthalte z.B. das System $\{\alpha_j\}_{j=1}^n$ nur p linear unabhängige Funktionen ($p < n$). Wir bezeichnen diese Funktionen mit α_1^*, $\alpha_2^*, \ldots, \alpha_p^*$; dann ist

$$\alpha_j = \sum_{k=1}^{p} \gamma_{jk}\alpha_k^*, \quad j = 1, 2, \ldots, n.$$

Setzen wir diese Ausdrücke in (6.2) ein, so erhalten wir

$$K(t,\tau) = \sum_{j=1}^{n} \left(\sum_{k=1}^{p} \gamma_{jk}\alpha_k^*(t) \right) \beta_j(\tau) = \sum_{k=1}^{p} \left(\sum_{j=1}^{n} \gamma_{jk}\beta_j(\tau) \right) \alpha_k^*(t)$$

$$= \sum_{k=1}^{p} \alpha_k^*(t)\beta_k^*(\tau)$$

mit

$$\beta_k^*(\tau) = \sum_{j=1}^{n} \gamma_{jk}\beta_j(\tau), \quad k = 1, 2, \ldots, p.$$

Damit haben wir den Kern $K(t,\tau)$ äquivalent durch eine kleinere Anzahl von Summanden ausgedrückt.

Die Gleichung (6.1) können wir mit Hilfe der Beziehung (6.2) in der Form

$$y(t) = f(t) + \mu \sum_{j=1}^{n} y_j \alpha_j(t) \tag{6.3}$$

schreiben, wobei gilt:

$$y_j = \int_a^b y(\tau)\beta_j(\tau)\mathrm{d}\tau, \quad j = 1, 2, \ldots, n. \tag{6.4}$$

Nun setzen wir für $i = 1, 2, \ldots, n$ voraus, daß eine Lösung $y(t)$ der Integralgleichung (6.1) existiert. Wenn wir die Identität (6.3) mit der Funktion $\beta_i(t)$ multiplizieren und das Resultat von a bis b integrieren, erhalten wir

$$y_i = f_i + \mu \sum_{j=1}^{n} a_{ij} y_j, \quad i = 1, 2, \ldots, n, \tag{6.5}$$

mit

$$f_i = \int_a^b f(t)\beta_i(t)\mathrm{d}t, \quad a_{ij} = \int_a^b \beta_i(t)\alpha_j(t)\mathrm{d}t. \tag{6.6}$$

Aus der Existenz der Lösung $y(t)$ der Integralgleichung (6.1) folgt also die Existenz einer Lösung $\{y_i\}_{i=1}^n$ des linearen Gleichungssystems (6.5).

Nun setzen wir u m g e k e h r t voraus, daß es eine Lösung $\{y_i\}_{i=1}^n$ des Gleichungssystems (6.5) gibt. Dann können wir aufgrund der Formel (6.3) die Funktion $y(t)$ konstruieren und diese dann in die Integralgleichung (6.1) einsetzen. Wir erhalten

$$f(t) + \mu \sum_{i=1}^{n} y_i \alpha_i(t) = f(t) + \mu \int_a^b \left[\sum_{i=1}^{n} \alpha_i(t)\beta_i(\tau)\right] \left[f(\tau) + \mu \sum_{j=1}^{n} y_j \alpha_j(\tau)\right] \mathrm{d}\tau,$$

und unter Ausnutzung der Bezeichnungen aus (6.6) folgt

$$\sum_{i=1}^{n} y_i \alpha_i(t) = \sum_{i=1}^{n} f_i \alpha_i(t) + \sum_{i=1}^{n} (\mu \sum_{j=1}^{n} a_{ij} y_j) \alpha_i(t),$$

d.h.

$$\sum_{i=1}^{n} \alpha_i(t)[y_i - f_i - \mu \sum_{j=1}^{n} a_{ij} y_j] = 0.$$

Die letzte Identität ist aber erfüllt, da $\{y_i\}_{i=1}^n$ eine Lösung des Gleichungssystems (6.5) ist. Mithin ist auch umgekehrt durch jede Lösung des Gleichungssystems (6.5) eine Lösung der Integralgleichung (6.1) bestimmt.

Es sei noch auf eine wichtige Tatsache aufmerksam gemacht. Wenn es zwei verschiedene Lösungen $\{y_j\}_{j=1}^n$ und $\{\tilde{y}_j\}_{j=1}^n$ des Gleichungssystems (6.5) gibt, muß aufgrund der linearen Unabhängigkeit der Funktionen $\{\alpha_j\}_{j=1}^n$ gelten:

$$\sum_{j=1}^n y_j \alpha_j(t) \neq \sum_{j=1}^n \tilde{y}_j \alpha_j(t).$$

Zwei verschiedenen Lösungen des Systems (6.5) entsprechen somit zwei verschiedene Lösungen der Integralgleichung (6.1). Da man umgekehrt zu jeder Lösung $y(t)$ der Integralgleichung mit Hilfe der Beziehungen (6.4) eine eindeutig bestimmte Lösung des Systems (6.5) konstruieren kann, haben wir folgende Aussage bewiesen:

Satz 6.1 (Äquivalenzsatz) *Die Integralgleichung* (6.1) *und das System linearer Gleichungen* (6.5) *sind äquivalent in dem Sinne, daß jeder Lösung $y(t)$ der Integralgleichung* (6.1) *genau eine Lösung $\{y_i\}_{i=1}^n$ des Gleichungssystems* (6.5) *entspricht und umgekehrt. Die gegenseitige Beziehung zwischen diesen Lösungen ist durch die Formeln* (6.3) *und* (6.4) *gegeben.*

Beispiel 6.1 Man bestimme die Lösung der Integralgleichung

$$y(t) = \int_0^1 (1 + 2t\tau)y(\tau)\mathrm{d}\tau - \frac{1}{6}t - \frac{1}{2}. \tag{6.7}$$

Lösung Es handelt sich um eine Fredholmsche Integralgleichung zweiter Art mit dem ausgearteten Kern $K(t,\tau) = 1 + 2t\tau$, der rechten Seite $f(t) = -\frac{t}{6} - \frac{1}{2}$ und dem Parameter $\mu = 1$. Im Vergleich zur allgemeinen Form (6.2) eines ausgearteten Kerns ist hier $n = 2$, $\alpha_1(t) = 1$, $\beta_1(\tau) = 1$, $\alpha_2(t) = 2t$, $\beta_2(\tau) = \tau$. Wegen (6.3) ist also

$$y(t) = -\frac{1}{6}t - \frac{1}{2} + y_1 + 2ty_2, \tag{6.8}$$

wobei gilt:

$$y_1 = \int_0^1 y(\tau)\mathrm{d}\tau, \quad y_2 = \int_0^1 \tau y(\tau)\mathrm{d}\tau. \tag{6.9}$$

Wenn wir die Funktion $y(t)$ aus (6.8) in die Integrale (6.9) einsetzen, erhalten wir das Gleichungssystem

$$
\begin{aligned}
y_1 &= \int_0^1 \left(y_1 + 2\tau y_2 - \frac{1}{6}\tau - \frac{1}{2} \right) \mathrm{d}\tau, \\
y_2 &= \int_0^1 \tau \left(y_1 + 2\tau y_2 - \frac{1}{6}\tau - \frac{1}{2} \right) \mathrm{d}\tau,
\end{aligned}
\tag{6.10}
$$

welches dem System (6.5) entspricht. Das Gleichungssystem

$$
\begin{aligned}
y_1 &= y_1 + y_2 - \frac{7}{12}, \\
y_2 &= \frac{1}{2}y_1 + \frac{2}{3}y_2 - \frac{11}{36}
\end{aligned}
$$

hat genau eine Lösung

$$
y_1 = 1, \quad y_2 = \frac{7}{12}.
$$

Aus der Beziehung (6.8) erhalten wir schließlich die Lösung der Integralgleichung (6.7)

$$
y(t) = t + \frac{1}{2}.
$$

Beispiel 6.2 Man löse die Integralgleichung

$$
y(t) = \mu \int_0^1 (t + \tau) y(\tau) \mathrm{d}\tau + f(t). \tag{6.11}
$$

L ö s u n g In diesem Fall ist $n = 2$, $\alpha_1(t) = t$, $\beta_1(\tau) = 1$, $\alpha_2(t) = 1$, $\beta_2(\tau) = \tau$. Wegen Formel (6.3) werden wir die Lösung der Gleichung (6.11) in folgender Form suchen:

$$
y(t) = f(t) + \mu(y_1 t + y_2).
$$

Hier ist $a_{11} = \frac{1}{2}$, $a_{12} = 1$, $a_{21} = \frac{1}{3}$, $a_{22} = \frac{1}{2}$, und das algebraische Gleichungssystem (6.5) hat in diesem Fall die Form

$$
\begin{aligned}
(1 - \frac{1}{2}\mu)y_1 - \mu y_2 &= f_1, \\
-\frac{1}{3}\mu y_1 + (1 - \frac{1}{2}\mu)y_2 &= f_2,
\end{aligned}
\tag{6.12}
$$

wobei gilt:

$$
f_1 = \int_0^1 f(t) \mathrm{d}t, \quad f_2 = \int_0^1 t f(t) \mathrm{d}t.
$$

Die Determinante des Systems (6.12) ist gleich $1 - \mu - \frac{1}{12}\mu^2$ und verschwindet für

$$\mu_1 = -6 + 4\sqrt{3} \quad \text{und} \quad \mu_2 = -6 - 4\sqrt{3}.$$

Wenn μ von μ_1 und von μ_2 verschieden ist, hat das System (6.12) für beliebige Werte von f_1 und f_2 genau eine Lösung, und die entsprechende Lösung $y(t)$ der Integralgleichung (6.11) lautet dann

$$y(t) = f(t) + \mu \int_0^1 \frac{6(\mu - 2)(t + \tau) - 12t\tau - 4\mu}{\mu^2 + 12\mu - 12} f(\tau)d\tau.$$

Wenn $\mu = \mu_1$ oder $\mu = \mu_2$ ist, hat das System (6.12) – und folglich auch die Integralgleichung (6.11) – eine Lösung nur für gewisse Werte von f_1, f_2 (vgl. 7.3).

6.2 Die Lösbarkeit der Gleichungen mit ausgeartetem Kern

Im Falle einer homogenen Integralgleichung können wir die Aussage von Satz 6.1 leicht verschärfen. Dies ist Gegenstand von Bemerkung 6.1.

Bemerkung 6.1 Die Menge aller Lösungen der homogenen Integralgleichung

$$y(t) = \mu \int_a^b K(t, \tau)y(\tau)d\tau \tag{6.13}$$

mit

$$K(t, \tau) = \sum_{j=1}^{n} \alpha_j(t)\beta_j(\tau)$$

und die Menge aller Lösungen $\{y_j\}_{j=1}^n$ des homogenen Gleichungssystems

$$y_i = \mu \sum_{j=1}^{n} a_{ij}y_j, \quad i = 1, 2, \ldots, n, \tag{6.14}$$

mit

$$a_{ij} = \int_a^b \beta_i(t)\alpha_j(t)dt$$

sind Vektorräume. Die durch Formel

$$y(t) = \mu \sum_{j=1}^{n} y_j\alpha_j(t) \tag{6.15}$$

ausgedrückte Beziehung zwischen diesen beiden Vektorräumen ist l i n e a r und nach Satz 6.1 auch e i n e i n d e u t i g .

Es sei $\mathbf{A}$ die quadratische Matrix mit den Elementen a_{ij}, $i, j = 1, 2, \ldots, n$. Dann kann man das Gleichungssystem (6.5) in der Matrix–Form

$$\mathbf{y} = \mu \mathbf{A} \mathbf{y} + \mathbf{f} \tag{6.16}$$

schreiben, wobei $\mathbf{y} = (y_1, y_2, \ldots, y_n)^T$ der Vektor der Unbekannten und $\mathbf{f} = (f_1, f_2, \ldots, f_n)^T$ der Vektor der rechten Seiten ist. Bezeichnet $\mathbf{I}$ die Einheitsmatrix, dann ist die Gleichung

$$(\mathbf{I} - \mu \mathbf{A})\mathbf{y} = \mathbf{f} \tag{6.17}$$

mit der Gleichung (6.16) äquivalent, wobei

$$\mathbf{I} - \mu \mathbf{A} = \begin{pmatrix} 1 - \mu a_{11}, & -\mu a_{12}, & \ldots, & -\mu a_{1n} \\ -\mu a_{21}, & 1 - \mu a_{22}, & \ldots, & -\mu a_{2n} \\ \ldots & \ldots & \ldots & \ldots \\ -\mu a_{n1}, & -\mu a_{n2}, & \ldots, & 1 - \mu a_{nn} \end{pmatrix}$$

ist.

Satz 6.2 (über die eindeutige Lösbarkeit) *Die inhomogene Integralgleichung*

$$y(t) = \mu \int_a^b K(t, \tau) y(\tau) \mathrm{d}\tau + f(t) \tag{6.18}$$

hat genau dann eine eindeutig bestimmte Lösung, wenn die zugehörige homogene Integralgleichung

$$y(t) = \mu \int_a^b K(t, \tau) y(\tau) \mathrm{d}\tau \tag{6.19}$$

nur die triviale Lösung besitzt.

Beweis Zur H i n l ä n g l i c h k e i t vgl. Beweis von Satz 3.2. N o t w e n d i g k e i t . Die Gleichung (6.18) ist mit dem inhomogenen linearen Gleichungssystem

$$y_i = \mu \sum_{j=1}^{n} a_{ij} y_j + f_i, \quad i = 1, 2, \ldots, n, \tag{6.20}$$

äquivalent; die homogene Gleichung (6.19) ist mit dem homogenen linearen Gleichungssystem

$$y_i = \mu \sum_{j=1}^{n} a_{ij} y_j, \quad i = 1, 2, \ldots, n, \tag{6.21}$$

gleichwertig. Wir setzen voraus, daß die Integralgleichung (6.19) nur die triviale Lösung besitzt. Dann besitzt aufgrund von Bemerkung 6.1 auch das lineare Gleichungssystem (6.21) nur die triviale Lösung. Dies bedeutet, daß die Determinante $\triangle(\mu) = \det(\mathbf{I} - \mu\mathbf{A})$ dieses Systems von Null verschieden ist. Aus bekannten Aussagen der linearen Algebra folgt, daß es genau eine Lösung des Gleichungssystems (6.20) gibt. Nach Satz 6.1 existiert dann genau eine Lösung der Integralgleichung (6.18).

Bemerkung 6.2 Die Aussage von Satz 6.2 können wir auch folgendermaßen formulieren: *Die Integralgleichung* (6.18) *besitzt genau dann eine eindeutige Lösung, wenn* μ *kein charakteristischer Wert des Kerns* $K(t, \tau)$ *ist.*

Korollar zu Satz 6.2 *Die charakteristischen Werte des ausgearteten Kerns* (6.2) *stimmen mit den Nullstellen der Gleichung*

$$\det(\mathbf{I} - \mu\mathbf{A}) := \triangle(\mu) = 0$$

überein.

Beweis Nach Bemerkung 6.1 gibt es eine eineindeutige Beziehung zwischen den nichttrivialen Lösungen der homogenen Gleichung (6.13) und den nichttrivialen Lösungen des Gleichungssystems (6.14). Das letztere hat jedoch genau dann eine nichttriviale Lösung, wenn seine Determinante verschwindet.

Falls die Integralgleichung (6.1) mit dem ausgearteten Kern (6.2) genau eine Lösung hat, ist nach Satz 6.2 (einschließlich Korollar) $\triangle(\mu) \neq 0$. Wir bezeichnen nun die Elemente der Matrix $\mathbf{D} = \mathbf{I} - \mu\mathbf{A}$ mit $d_{ki} = d_{ki}(\mu) = \delta_{ki} - \mu a_{ki}$ (δ_{ki} ist das Kronecker-Symbol, d.h., $\delta_{ki} = 0$ für $k \neq i$, $\delta_{ki} = 1$ für $k = i$). Weiter sei $\mathbf{D}'_{ki}$ die Streichungsmatrix von $\mathbf{D}$ (zur Zeile k und Spalte i), d.h., $\mathbf{D}'_{ki}$ entstehe aus $\mathbf{D}$ durch Streichen (Entfernen) der k-ten Zeile und i-ten Spalte, und es sei $\triangle_{ki} = (-1)^{k+i} \det \mathbf{D}'_{ki}$, $k, i = 1, 2, \ldots, n$. Dann kann man die eindeutige Lösung des Gleichungssystems (6.14) mit Hilfe der Cramerschen Regel berechnen:

$$y_i = \frac{(\triangle_{1i} f_1 + \triangle_{2i} f_2 + \ldots + \triangle_{ni} f_n)}{\triangle(\mu)}, \quad i = 1, 2, \ldots, n.$$

Die Lösung der Integralgleichung (6.1) mit dem ausgearteten Kern (6.2) hat dann die Form

$$y(t) = f(t) + \mu \sum_{i=1}^{n} \frac{(\Delta_{1i}f_1 + \Delta_{2i}f_2 + \ldots + \Delta_{ni}f_n)}{\Delta(\mu)} \alpha_i(t).$$

Setzen wir schließlich für f_i die Werte aus (6.6) ein, so erhalten wir

$$\begin{aligned} y(t) = f(t) + \mu \int_a^b \frac{1}{\Delta(\mu)} \sum_{i=1}^{n} [\Delta_{1i}\beta_1(\tau) + \Delta_{2i}\beta_2(\tau) + \cdots \\ \cdots + \Delta_{ni}\beta_n(\tau)]\alpha_i(t) f(\tau) \mathrm{d}\tau. \end{aligned} \tag{6.22}$$

Es sei nun $\Delta(t, \tau; \mu)$ definiert durch

$$\Delta(t, \tau; \mu) := - \begin{vmatrix} 0, & \alpha_1(t), & \alpha_2(t), & \ldots, & \alpha_n(t) \\ \beta_1(\tau), & 1 - \mu a_{11}, & -\mu a_{12}, & \ldots, & -\mu a_{1n} \\ \beta_2(\tau), & -\mu a_{21}, & 1 - \mu a_{22}, & \ldots, & -\mu a_{2n} \\ \ldots & \ldots & \ldots & \ldots & \ldots \\ \beta_n(\tau), & -\mu a_{n1} & -\mu a_{n2}, & \ldots, & 1 - \mu a_{nn} \end{vmatrix}.$$

Wenn wir diese Determinante nach der ersten Zeile entwickeln und dann noch die Determinante jeder Streichungsmatrix nach der ersten Spalte, erhalten wir genau den Ausdruck, der in der Summe im Integral von Formel (6.22) auftritt.

Für $\Delta(\mu) \neq 0$ bezeichnen wir nun

$$\Gamma_\mu(t, \tau) = \frac{\Delta(t, \tau; \mu)}{\Delta(\mu)} = \frac{1}{\Delta(\mu)} \sum_{i=1}^{n} \sum_{j=1}^{n} \Delta_{ij}(\mu) \alpha_j(t) \beta_i(\tau). \tag{6.23}$$

Dann können wir die Identität (6.22) in der folgenden Form schreiben:

$$y(t) = f(t) + \mu \int_a^b \Gamma_\mu(t, \tau) f(\tau) \mathrm{d}\tau.$$

Die durch (6.23) definierte Funktion $\Gamma_\mu(t, \tau)$ ist die Resolvente der Integralgleichung (6.1) mit dem ausgearteten Kern (6.2).

Bemerkung 6.3 Durch (6.23) ist die Resolvente für alle Werte des Parameters μ mit Ausnahme der Nullstellen der Gleichung $\Delta(\mu) = 0$ definiert. In 4.4 wurde die Resolvente im Falle eines Fredholmschen Kerns nur für kleine Werte des Parameters μ definiert. Andererseits aber ist die dort beschriebene Methode zur Konstruktion der Resolvente mit Hilfe iterierter Kerne i.allg. auf alle Kerne anwendbar, die im zugrundeliegenden Quadrat Q stetig sind (bzw. stetig in q und gleich Null in $Q \setminus q$), während Formel (6.23) die Resolvente nur für ausgeartete Kerne angibt.

In (6.23) sind $\Delta(t,\tau;\mu)$ und $\Delta(\mu)$ Polynome in μ. Der schwedische Mathematiker Erik Ivar Fredholm hat im Jahre 1900 mit Hilfe der Funktionentheorie gezeigt, daß auch im *allgemeinen Fall* die Resolvente durch eine ähnliche Formel

$$\Gamma_\mu(t,\tau) = \frac{\Delta(t,\tau;\mu)}{\Delta(\mu)}$$

gegeben ist, in der man jede der Funktionen $\Delta(t,\tau;\mu)$ und $\Delta(\mu)$ in eine *Potenzreihe* bezüglich der Variablen μ entwickeln kann; diese Potenzreihen konvergieren für alle komplexen Werte μ. Dabei hat die Funktion $\Delta(\mu)$ in jeder beschränkten Teilmenge der komplexen Ebene höchstens endlich viele Nullstellen, und jede Nullstelle ist von endlicher Vielfachheit.

Zum Abschluß zeigen wir noch, daß aus der Existenz einer Lösung der Gleichung (6.18) für eine beliebige rechte Seite $f \in C([a,b])$ schon ihre Eindeutigkeit folgt. Man kann also Satz 6.2 in der folgenden stärkeren Fassung formulieren:

Satz 6.3 *Die Integralgleichung* (6.18) *hat eine Lösung für eine beliebige rechte Seite* $f \in C([a,b])$ *genau dann, wenn die entsprechende homogene Gleichung* (6.19) *nur die triviale Lösung besitzt. Für eine fest vorgegebene Funktion* $f(t)$ *ist dann diese Lösung eindeutig bestimmt.*

Beweis Notwendigkeit. Man setze voraus, daß die Gleichung (6.18) für eine beliebige rechte Seite $f \in C([a,b])$ eine Lösung hat. Aufgrund von Satz 6.1 existiert dann eine Lösung des linearen Gleichungssystems

$$y_i = \mu \sum_{j=1}^{n} a_{ij} y_j + f_i, \qquad i = 1,2,\ldots,n,$$

für jeden Vektor $\mathbf{f} = (f_1, f_2, \ldots, f_n)$. Dann aber hat das zugehörige homogene Gleichungssystem

$$y_i = \mu \sum_{j=1}^{n} a_{ij} y_j, \qquad i = 1,2,\ldots,n, \tag{6.24}$$

nur die triviale Lösung, weshalb

$$\det(\mathbf{I} - \mu\mathbf{A}) = \Delta(\mu) \neq 0 \tag{6.25}$$

gelten muß. Hieraus folgt mit Hilfe der Korollars zu Satz 6.2 jedoch, daß die homogene Integralgleichung (6.19) nur die triviale Lösung besitzt. Jeder fest vorgegebenen Funktion $f \in C([a,b])$ entspricht nach den Formeln (6.6) ein gewisser fester Vektor $\mathbf{f} = (f_1, f_2, \dots, f_n)$. Wenn wir voraussetzen, daß (6.25) gilt, hat das Gleichungssystem (6.5) genau eine Lösung $\mathbf{y} = (y_1, y_2, \dots, y_n)$, der eine eindeutig bestimmte, durch die Formel (6.3) gegebene Lösung $y(t)$ der Integralgleichung (6.18) entspricht.

Die Hinlänglichkeit wird wie in Satz 6.2 bewiesen.

Beispiel 6.3 Man löse die Integralgleichung

$$y(t) = \mu \int_{-1}^{1} (t\tau^2 + t^2\tau) y(\tau) \mathrm{d}\tau + f(t), \tag{6.26}$$

wobei f eine auf dem Intervall $[-1,1]$ stetige Funktion und μ ein reeller Parameter ist.

Lösung Unter Verwendung der Bezeichnungen aus (6.4) setzen wir

$$y_1 = \int_{-1}^{1} \tau^2 y(\tau) \mathrm{d}\tau, \quad y_2 = \int_{-1}^{1} \tau y(\tau) \mathrm{d}\tau.$$

Der Vektor $\mathbf{y} = (y_1, y_2)$ ist dann eine Lösung des Gleichungssystems

$$\begin{aligned} y_1 - \frac{2}{5}\mu y_2 &= \int_{-1}^{1} \tau^2 f(\tau) \mathrm{d}\tau, \\ -\frac{2}{3}\mu y_1 + y_2 &= \int_{-1}^{1} \tau f(\tau) \mathrm{d}\tau. \end{aligned} \tag{6.27}$$

Wir bestimmen die Determinante dieses Systems: $\triangle(\mu) = 1 - \frac{4}{15}\mu^2$. Falls also $\mu \neq \pm\frac{\sqrt{15}}{2}$ ist, hat dieses System genau eine Lösung

$$y_1 = \frac{\int_{-1}^{1} \tau^2 f(\tau) \mathrm{d}\tau + \frac{2}{5}\mu \int_{-1}^{1} \tau f(\tau) \mathrm{d}\tau}{1 - \frac{4}{15}\mu^2},$$

$$y_2 = \frac{\int_{-1}^{1} \tau f(\tau) \mathrm{d}\tau + \frac{2}{3}\mu \int_{-1}^{1} \tau^2 f(\tau) \mathrm{d}\tau}{1 - \frac{4}{15}\mu^2},$$

und die entsprechende Lösung der Integralgleichung (6.26) hat die folgende Form:

$$y(t) = f(t) + \mu t y_1 + \mu t^2 y_2$$

$$= f(t) + (1 - \frac{4}{15}\mu^2)^{-1} \left[\left(1 + \frac{2}{3}\mu t\right) \mu t \int_{-1}^{1} \tau^2 f(\tau) \mathrm{d}\tau + \left(\frac{2}{5}\mu + t\right) \mu t \int_{-1}^{1} \tau f(\tau) \mathrm{d}\tau \right].$$

Dabei ist diese Lösung $y(t)$ für jede rechte Seite $f(t) \in C([-1,1])$ eindeutig bestimmt.

7 Die Fredholmsche Alternative

Dieser Abschnitt befaßt sich fast ausschließlich mit Integralgleichungen mit a u s g e a r t e t e m K e r n , von denen in Abschnitt 6 die Rede war.

7.1 Der transponierte Kern

Wir erinnern daran, daß in der linearen Algebra die Matrix

$$\mathbf{A}^T = \begin{bmatrix} a_{11}, & a_{21}, & \dots, & a_{n1} \\ a_{12}, & a_{22}, & \dots, & a_{n2} \\ \dots & \dots & \dots & \dots \\ a_{1n}, & a_{2n}, & \dots, & a_{nn} \end{bmatrix}$$

die zur Matrix

$$\mathbf{A} = \begin{bmatrix} a_{11}, & a_{12}, & \dots, & a_{1n} \\ a_{21}, & a_{22}, & \dots, & a_{2n} \\ \dots & \dots & \dots & \dots \\ a_{n1}, & a_{n2}, & \dots, & a_{nn} \end{bmatrix}$$

transponierte Matrix darstellt. Analog führen wir den zum Kern $K(t,\tau)$ *transponierten Kern* $K^T(t,\tau)$ durch die Formel

$$K^T(t,\tau) = K(\tau,t) \tag{7.1}$$

ein, d.h., wir vertauschen im Kern $K(t,\tau)$ die Veränderlichen t und τ.

Die homogene Gleichung

$$z(t) = \mu \int_a^b K(\tau,t)z(\tau)\mathrm{d}\tau \tag{7.2}$$

nennen wir die zur homogenen Gleichung

$$y(t) = \mu \int_a^b K(t,\tau)y(\tau)\mathrm{d}\tau \tag{7.3}$$

transponierte Gleichung. In der Operatorform schreiben wir die transponierte Gleichung (7.2) folgendermaßen:

$$z = \mu \boldsymbol{K}^T z, \tag{7.4}$$

wobei der Operator $\boldsymbol{K}^T$ durch die Beziehung

$$(\boldsymbol{K}^T z)(t) = \int_a^b K^T(t,\tau)z(\tau)\mathrm{d}\tau = \int_a^b K(\tau,t)z(\tau)\mathrm{d}\tau$$

gegeben ist.

Ist $K(t,\tau)$ ein ausgearteter Kern, d.h. gilt

$$K(t,\tau) = \sum_{j=1}^{n} \alpha_j(t)\beta_j(\tau),$$

dann ist auch der transponierte Kern $K^T(t,\tau)$ ausgeartet, und es gilt

$$K^T(t,\tau) = \sum_{j=1}^{n} \beta_j(t)\alpha_j(\tau).$$

Hieraus folgt, daß man beim Übergang von der homogenen transponierten Gleichung (7.2) mit ausgeartetem Kern zum äquivalenten System algebraischer Gleichungen das System

$$\mathbf{z} = \mu \mathbf{A}^T \mathbf{z} \tag{7.5}$$

erhält, wobei mit $i, j = 1, 2, \ldots, n$ gilt:

$$\mathbf{z} = (z_1, z_2, \ldots, z_n)^T,$$

$$z_j = \int_a^b z(t)\alpha_j(t)\mathrm{d}t, \quad \mathbf{A}^T = \left(a_{ij}^T\right)_{i,j=1}^n; \quad a_{ij}^T = \int_a^b \alpha_i(t)\beta_j(t)\mathrm{d}t = a_{ji}.$$

Der Zusammenhang zwischen der Lösung der Integralgleichung (7.2) und der Lösung des Systems (7.5) ist durch die Beziehung

$$z(t) = \mu \sum_{j=1}^{n} z_j \beta_j(t)$$

[vgl. mit (6.3)] gegeben. Die Matrix des Gleichungssystems (7.5) ist also die Transponierte zur Matrix des Gleichungssystems

$$\mathbf{y} = \mu \mathbf{A} \mathbf{y},$$

das wiederum der ursprünglichen homogenen Integralgleichung (7.3) entspricht.

7.2 Orthogonalität zweier Funktionen

In der linearen Algebra entspricht einem System linearer Gleichungen

$$\sum_{j=1}^{n} b_{ij} y_j = f_i, \quad i = 1, 2, \ldots, n,$$

stets eine l i n e a r e A b b i l d u n g , welche dem Vektor $\mathbf{y} = (y_1, y_2, \ldots, y_n)$ des Euklidischen Raumes $\mathbb{R}^n$ den Vektor $\mathbf{f} = (f_1, f_2, \ldots, f_n) \in \mathbb{R}^n$ zuordnet. Bei der Untersuchung solcher Abbildungen spielt der Begriff des S k a l a r p r o d u k t s

$$(\mathbf{x}, \mathbf{y}) := \sum_{i=1}^{n} x_i y_i$$

zweier Vektoren $\mathbf{x}, \mathbf{y} \in \mathbb{R}^n$ eine wichtige Rolle. Zwei Vektoren $\mathbf{x}, \mathbf{y} \in \mathbb{R}^n$ werden *orthogonal* genannt, falls gilt: $(\mathbf{x}, \mathbf{y}) = 0$, d.h. $\sum_{i=1}^{n} x_i y_i = 0$.

Zwei im Intervall $[a, b]$ stetige Funktionen $x(t), y(t)$ nennen wir *orthogonal* (in Zeichen $x \perp y$), wenn

$$\int_a^b x(t) y(t) \mathrm{d}t = 0$$

gilt (siehe z.B. [GÖR]).

Im weiteren benötigen wir folgende aus der linearen Algebra bekannte Aussage:

Hilfssatz 7.1 *Ein System linearer algebraischer Gleichungen*

$$\sum_{j=1}^{n} b_{ij} y_j = f_i \quad (i = 1, 2, \ldots, n)$$

ist genau dann lösbar, wenn der Vektor $\mathbf{f} = (f_1, f_2, \ldots, f_n)$ *der rechten Seiten orthogonal ist zu allen Lösungen des homogenen* *t r a n s p o n i e r t e n* *linearen Gleichungssystems*

$$\sum_{j=1}^{n} b_{ji} z_j = 0 \quad (i = 1, 2, \ldots, n).$$

7.3 Lösbarkeit einer Fredholmschen Integralgleichung zweiter Art für beliebige Parameterwerte μ

Wir werden nun eine Aussage beweisen, welche die Struktur der Menge aller Lösungen einer inhomogenen Integralgleichung mit ausgeartetem Kern beschreibt. Der Fall, daß μ ein charakteristischer Wert ist, wird dabei eingeschlossen.

Satz 7.1 (über die Lösbarkeit der Fredholmschen Integralgleichung zweiter Art)

(i) *Die Integralgleichung*

$$y(t) = \mu \int_a^b K(t,\tau)y(\tau)\mathrm{d}\tau + f(t) \tag{7.6}$$

hat eine Lösung $y(t) \in C([a,b])$ *genau dann, wenn die Funktion* $f(t)$ *zu allen Lösungen der zugehörigen transponierten, homogenen Gleichung*

$$z(t) = \mu \int_a^b K(\tau,t)z(\tau)\mathrm{d}\tau \tag{7.7}$$

orthogonal ist.

(ii) *Ist obige Orthogonalitätsbedingung erfüllt, so hat die allgemeine Lösung* $y(t)$ *der Gleichung* (7.6) *die Form*

$$y(t) = \varphi(t) + Y(t),$$

wobei $\varphi(t)$ *die allgemeine Lösung der homogenen Gleichung*

$$y(t) = \mu \int_a^b K(t,\tau)y(\tau)\mathrm{d}\tau \tag{7.8}$$

und $Y(t)$ *irgendeine Lösung der inhomogenen Gleichung* (7.6) *ist.*

(iii) *Die homogenen Integralgleichungen* (7.7) *und* (7.8) *haben die gleiche Anzahl linear unabhängiger Lösungen.*

Beweis (i) Notwendigkeit. Es sei $y(t)$ eine Lösung der Gleichung (7.6) und $z(t)$ eine Lösung der transponierten homogenen Gleichung (7.7). Wir multiplizieren die Gleichung (7.6) mit der Funktion $z(t)$ und integrieren von a bis b. Da alle zu integrierenden Funktionen stetig sind, kann man die Integrationsreihenfolge vertauschen und erhält dann die Beziehung:

$$\int_a^b y(\tau)\left[z(\tau) - \mu \int_a^b K(t,\tau)z(t)\mathrm{d}t\right]\mathrm{d}\tau = \int_a^b f(t)z(t)\mathrm{d}t. \tag{7.9}$$

Da $z(t)$ die Gleichung (7.7) erfüllt, ist die linke Seite gleich Null, weshalb

$$\int_a^b f(t)z(t)\mathrm{d}t = 0$$

gilt. Da $z(t)$ eine b e l i e b i g e Lösung von (7.7) ist, haben wir gezeigt, daß die Orthogonalitätsbedingung notwendigerweise gelten muß.
H i n l ä n g l i c h k e i t . Man setze voraus, daß der Kern $K(t, \tau)$ ausgeartet ist, d.h., es gelte

$$K(t,\tau) = \sum_{i=1}^{n} \alpha_i(t)\beta_i(\tau).$$

Es sei $f \perp z$ für alle Lösungen $z(t)$ der homogenen Gleichung (7.7). Diese Gleichung ist äquivalent mit dem System algebraischer Gleichungen

$$z_i = \mu \sum_{j=1}^{n} a_{ji} z_j \quad (i = 1, 2, \ldots, n), \tag{7.10}$$

wobei die gegenseitige Beziehung zwischen Lösungen der Gleichung (7.7) und Lösungen des Systems (7.10) durch die Formel

$$z(t) = \mu \sum_{i=1}^{n} z_i \beta_i(t) \tag{7.11}$$

gegeben ist. Wir setzen nun voraus, daß der Rang der Matrix $\mathbf{I} - \mu\mathbf{A}^T$ gleich r ist. Dann hat das System (7.10) $s = n - r$ linear unabhängige Lösungen

$$\mathbf{z}^1, \mathbf{z}^2, \ldots, \mathbf{z}^s.$$

Diese Vektoren bilden eine Basis des Raumes aller Lösungen des homogenen Gleichungssystems (7.10). Mit Hilfe dieser Basis können wir aufgrund der Formel (7.11) die entsprechenden linear unabhängigen Lösungen der Integralgleichung (7.7) ausdrücken:

$$z^1(t), z^2(t), \ldots, z^s(t).$$

Die allgemeine Lösung $z(t)$ der Gleichung (7.7) hat also die Form

$$z(t) = a_1 z^1(t) + a_2 z^2(t) + \cdots + a_s z^s(t). \tag{7.12}$$

Die Orthogonalitätsbedingung $f \perp z$ für eine beliebige Lösung $z(t)$ der Gleichung (7.7) ist dann zu den folgenden Identitäten äquivalent:

$$\int_a^b f(t) z^i(t) \mathrm{d}t = 0, \quad i = 1, 2, \ldots, s. \tag{7.13}$$

Jede der Funktionen $z^i(t)$ können wir mit Hilfe der Formel (7.11) ausdrücken. Mit $\mathbf{z}^i = (z_1^i, z_2^i, \dots, z_n^i)$ ist dann

$$z^i(t) = \mu \sum_{j=1}^{n} z_j^i \beta_j(t). \tag{7.14}$$

Setzen wir (7.14) in (7.13) ein, so erhalten wir:

$$\mu \sum_{j=1}^{n} z_j^i f_j = 0 \quad (i = 1, 2, \dots, s),$$

d.h.

$$(\mathbf{z}^i, \mathbf{f}) = 0 \quad (i = 1, 2, \dots, s).$$

Mit anderen Worten, die Vektoren $\mathbf{z}^i$, $i = 1, 2, \dots, s$, sind ortogonal zum Vektor $\mathbf{f}$ der rechten Seiten des linearen Gleichungssystems

$$y_i - \mu \sum_{j=1}^{n} a_{ij} y_j = f_i \quad (i = 1, 2, \dots, n), \tag{7.15}$$

das der Integralgleichung (7.6) entspricht. Hieraus und aus Hilfssatz 7.1 folgt, daß das System (7.15) eine Lösung $\mathbf{y} = (y_1, y_2, \dots, y_n)$ hat. Mit Hilfe des Vektors $\mathbf{y} = (y_1, y_2, \dots, y_n)$ konstruieren wir dann die Lösung $y(t) = f(t) + \mu \sum_{j=1}^{n} y_j \alpha_j(t)$ der Integralgleichung (7.6). Damit ist die Aussage (i) bewiesen.

Der Beweis der Aussage (ii) folgt aus Satz 3.2.

Aussage (iii) schließlich folgt aus den folgenden einfachen Überlegungen. Hat die Matrix $\mathbf{I} - \mu \mathbf{A}^T$ den Rang r, so auch die Matrix $\mathbf{I} - \mu \mathbf{A}$ [denn $\mathbf{I} - \mu \mathbf{A}^T = (\mathbf{I} - \mu \mathbf{A})^T$]. Deshalb hat das System (7.10) genau dann s linear unabhängige Lösungen $\mathbf{z}^1, \mathbf{z}^2, \dots, \mathbf{z}^s$, wenn auch das System

$$y_i = \mu \sum_{j=1}^{n} a_{ij} y_j \quad (i = 1, 2, \dots, n) \tag{7.16}$$

s linear unabhängige Lösungen $\mathbf{y}^1, \mathbf{y}^2, \dots, \mathbf{y}^s$ hat.

Es sei bemerkt, daß Satz 6.2 einen Spezialfall des soeben bewiesenen Satzes 7.1 darstellt. Wir führen noch ein einfaches Ergebnis an.

Korollar zu Satz 7.1 *Die Kerne $K(t, \tau)$ und $K^T(t, \tau)$ haben dieselben charakteristischen Werte.*

Der B e w e i s folgt aus einer analogen Behauptung über Eigenwerte der Matrix $\mathbf{A}$ und der transponierten Matrix $\mathbf{A}^T$. (Dem Leser wird empfohlen, die entsprechenden Überlegungen als Übung durchzuführen!) Das Korollar gilt in der hier angegebenen Form n i c h t , falls wir auch Kerne $K(t,\tau)$ zulassen, die k o m p l e x e W e r t e annehmen. In diesem Fall ist der transponierte Kern $K^T(t,\tau)$ durch den *Hermite-transponierten Kern* $K^*(t,\tau) = \overline{K(\tau,t)}$ zu ersetzen (hier ist $\overline{a}$ die zu a konjugiert-komplexe Zahl). Die charakteristischen Werte der Kerne $K(t,\tau)$ und $K^*(t,\tau)$ sind dann zueinander konjugiert-komplex.

Beispiel 7.1 Wir werden die Integralgleichung

$$y(t) = \mu \int_{-1}^{1} (t\tau^2 + t^2\tau) y(\tau) \mathrm{d}\tau + f(t) \tag{7.17}$$

aus Beispiel 6.3 untersuchen. Es sei nun $\mu = \frac{\sqrt{15}}{2}$. Dann hat das homogene Gleichungssystem

$$\begin{aligned} y_1 - \frac{2}{5}\mu y_2 &= 0, \\ -\frac{2}{3}\mu y_1 + y_2 &= 0 \end{aligned}$$

die Lösung $\mathbf{z} = \left(\sqrt{\frac{3}{5}}c, c\right)$ mit beliebiger reeller Zahl c. Die homogene Integralgleichung

$$y(t) = \mu \int_{-1}^{1} (t\tau^2 + t^2\tau) y(\tau) \mathrm{d}\tau \tag{7.18}$$

hat also eine Lösung der Form

$$z(t) = \left(\sqrt{\frac{3}{5}}t + t^2\right) c.$$

Wir machen darauf aufmerksam, daß für den Kern $K(t,\tau) = t\tau^2 + t^2\tau$ die Beziehung $K(t,\tau) = K(\tau,t)$ gilt, d.h., es ist $K^T(t,\tau) = K(t,\tau)$. Hieraus folgt, daß die Funktion $z(t)$ auch eine Lösung der zu (7.18) transponierten Gleichung ist. Das Gleichungssystem (6.27) hat für $\mu = \frac{\sqrt{15}}{2}$ die Form

$$\begin{aligned} y_1 - \sqrt{\frac{3}{5}} y_2 &= \int_{-1}^{1} \tau^2 f(\tau) \mathrm{d}\tau, \\ y_1 - \sqrt{\frac{3}{5}} y_2 &= \int_{-1}^{1} \left(-\sqrt{\frac{3}{5}}\tau\right) f(\tau) \mathrm{d}\tau, \end{aligned} \tag{7.19}$$

und es hat genau dann eine Lösung, wenn gilt

$$\int_{-1}^{1} \tau^2 f(\tau)\mathrm{d}\tau = \int_{-1}^{1} \left(-\sqrt{\frac{3}{5}}\tau\right) f(\tau)\mathrm{d}\tau,$$

d.h.

$$\int_{-1}^{1} \left(\sqrt{\frac{3}{5}}\tau + \tau^2\right) f(\tau)\mathrm{d}\tau = 0.$$

In Übereinstimmung mit der Aussage von Satz 7.1 zeigt letzte Formel folgendes: Existiert eine Lösung der Integralgleichung (7.18), so muß die rechte Seite dieser Gleichung zu einer beliebigen Lösung der transponierten homogenen Gleichung orthogonal sein. So ist z.B. für $f(t) = 1$, $t \in [-1, 1]$, diese Bedingung n i c h t erfüllt, und die Gleichung (7.17) hat dann keine Lösung. Ist dagegen $f(t) = t^3 - \frac{3t}{5}$, $t \in [-1, 1]$, hat die Integralgleichung (7.17) unendlich viele Lösungen

$$y(t) = t^3 - \frac{3t}{5} + \left(\sqrt{\frac{3}{5}}t + t^2\right) c$$

mit einer beliebigen rellen Zahl c [vgl. mit Behauptung (ii) aus Satz 7.1].

Ganz analog kann man den Fall $\mu = -\frac{\sqrt{15}}{2}$ behandeln (dies wird dem Leser überlassen).

Beispiel 7.2 Man bestimme die charakteristischen Werte und Eigenfunktionen der homogenen Integralgleichung

$$y(t) = \mu \int_{0}^{\pi} K(t, \tau) y(\tau)\mathrm{d}\tau, \tag{7.20}$$

wobei $K(t, \tau) = \cos^2 t \cos 2\tau + \cos 3t \cos^3 \tau$ ist.
L ö s u n g In diesem Fall ist

$$a_{11} = \int_{0}^{\pi} \cos^2 \tau \cos 2\tau \mathrm{d}\tau = \frac{\pi}{4}, \quad a_{12} = \int_{0}^{\pi} \cos^2 \tau \cos^3 \tau \mathrm{d}\tau = 0,$$
$$a_{21} = \int_{0}^{\pi} \cos 3\tau \cos 2\tau \mathrm{d}\tau = 0, \quad a_{22} = \int_{0}^{\pi} \cos 3\tau \cos^3 \tau \mathrm{d}\tau = \frac{\pi}{8}.$$

Die Gleichung

$$\Delta(\mu) = \begin{vmatrix} 1 - \mu a_{11}, & -\mu a_{12} \\ -\mu a_{21}, & 1 - \mu a_{22} \end{vmatrix} = \begin{vmatrix} 1 - \mu\frac{\pi}{4}, & 0 \\ 0, & 1 - \mu\frac{\pi}{8} \end{vmatrix} = 0$$

hat zwei verschiedene reelle Wurzeln $\mu_1 = \frac{4}{\pi}$, $\mu_2 = \frac{8}{\pi}$. Das Gleichungssystem (7.16) hat die Form

$$\left(1 - \mu\frac{\pi}{4}\right) y_1 = 0, \quad \left(1 - \mu\frac{\pi}{8}\right) y_2 = 0.$$

Ist $\mu = \mu_1 = \frac{4}{\pi}$, so ist $y_2 = 0$ und y_1 eine beliebige reelle Zahl. Ist $\mu = \mu_2 = \frac{8}{\pi}$, so ist $y_1 = 0$ und y_2 eine beliebige reelle Zahl.

Schlußfolgerung Die Integralgleichung (7.20) hat zwei charakteristische Werte $\mu_1 = \frac{4}{\pi}$ und $\mu_2 = \frac{8}{\pi}$. Dem charakteristischen Wert $\mu_1 = \frac{4}{\pi}$ entspricht die Eigenfunktion $y_1(t) = c_1 \cos^2 t$, dem charakteristischen Wert $\mu_2 = \frac{8}{\pi}$ die Eigenfunktion $y_2(t) = c_2 \cos 3t$, wobei c_1 und c_2 beliebige reelle Konstanten sind.

In 7.4 fassen wir die in diesem Abschnitt hergeleiteten Ergebnisse zusammen. Wir betonen, daß die Behauptungen nicht in voller Allgemeinheit bewiesen wurden, da wir uns auf den Fall eines ausgearteten Kernes beschränkt haben.

7.4 Fredholmsche Alternative

Wenn man die Lösbarkeit der Integralgleichung

$$y(t) = \mu \int_a^b K(t,\tau) y(\tau) \mathrm{d}\tau + f(t) \tag{7.21}$$

untersucht, können die folgenden zwei sich gegenseitig ausschließenden Fälle auftreten.

Erster Fall *Der Wert μ ist kein charakteristischer Wert des Kerns $K(t,\tau)$, und die Gleichung (7.21) bzw. die transponierte Gleichung*

$$z(t) = \mu \int_a^b K(\tau,t) z(\tau) \mathrm{d}\tau + g(t), \tag{7.22}$$

hat dann genau eine Lösung für jede rechte Seite $f \in C([a,b])$ bzw. $g \in C[a,b])$. Die entsprechende homogene Gleichung

$$y = \mu \boldsymbol{K} y \quad \textit{bzw.} \quad z = \mu \boldsymbol{K}^T z \tag{7.23}$$

hat dabei nur die triviale Lösung $y = 0$ bzw. $z = 0$.

Zweiter Fall *Der Wert μ ist ein charakteristischer Wert des Kerns $K(t,\tau)$. Dann hat die Gleichung* (7.22) *genau dann eine Lösung, wenn die rechte Seite $f(t)$ zu allen Lösungen der homogenen, transponierten Gleichung*

$$z(t) = \mu \int_a^b K(\tau,t)z(\tau)\mathrm{d}\tau$$

orthogonal ist. Die beiden homogenen Gleichungen (7.24) *haben dabei die gleiche (endliche) Anzahl linear unabhängiger Lösungen. Die allgemeine Lösung der Integralgleichung* (7.22) *ist die Summe der allgemeinen Lösung der homogenen Gleichung*

$$y(t) = \mu \int_a^b K(t,\tau)y(\tau)\mathrm{d}\tau$$

und irgendeiner Lösung der inhomogenen Gleichung (7.21).

Die Fredholmsche Alternative gilt speziell für Volterrasche Integralgleichungen zweiter Art. Wegen Korrolar zu Satz 4.2 kommt für diese Gleichungen nur der erste Fall der Alternative in Betracht.

7.5 Eine praktische Bemerkung

Die Untersuchung von Integralgleichungen mit ausgearteten Kernen ist wichtig vor allem im Hinblick auf praktische Berechnungen. Bei der Lösung einer konkreten Integralgleichung geht es meistens um die Bestimmung einer Näherungslösung, und da man eine große Klasse von Kernen beliebig genau durch ausgeartete Kerne approximieren kann, ist zu erwarten, daß sich die Lösung der Integralgleichung mit einem solchen ausgearteten Kern nur wenig von der Lösung der ursprünglichen Integralgleichung unterscheidet. Die Aufgabe, eine Näherungslösung einer linearen Integralgleichung zweiter Art zu finden, beruht dann auf der Lösung eines Systems linearer algebraischer Gleichungen, das der Integralgleichung mit dem approximierenden ausgearteten Kern entspricht.

Wir erläutern dies am Beispiel der Integralgleichung

$$y(t) = \int_0^1 t(1-e^{t\tau})y(\tau)\mathrm{d}\tau + e^t - t, \tag{7.24}$$

deren Näherungslösung wir bestimmen wollen. Der Kern $K(t,\tau) = t(1-e^{t\tau})$ ist nicht ausgeartet. Deshalb benutzen wir die Formel für die Reihenentwicklung der Exponentialfunktion und approximieren den Kern $K(t,\tau)$ durch das Polynom

$$H(t,\tau) = -t^2\tau - \frac{t^3\tau^2}{2} - \frac{t^4\tau^3}{6}. \tag{7.25}$$

Statt der ursprünglichen Gleichung (7.24) lösen wir nur die Integralgleichung mit a u s g e a r t e t e m Kern $H(t,\tau)$:

$$\psi(t) = -\int_0^1 \left(t^2\tau + \frac{t^3\tau^2}{2} + \frac{t^4\tau^3}{6}\right)\psi(\tau)\mathrm{d}\tau + e^t - t,$$

und benutzen dazu die in Abschnitt 6 vorgestellte Methode. Wir setzen

$$\psi(t) = e^t - t - c_1t^2 - c_2t^3 - c_3t^4$$

mit

$$c_1 = \int_0^1 \tau\psi(\tau)\mathrm{d}\tau, \quad c_2 = \int_0^1 \frac{\tau^2}{2}\psi(\tau)\mathrm{d}\tau, \quad c_3 = \int_0^1 \frac{\tau^3}{6}\psi(\tau)\mathrm{d}\tau.$$

Die Konstanten c_1, c_2, c_3 sind dann Lösungen des Gleichungssystems

$$\begin{array}{rcrcrcl} \frac{5}{4}c_1 & + & \frac{1}{5}c_2 & + & \frac{1}{6}c_3 & = & \frac{2}{3}, \\ \frac{1}{5}c_1 & + & \frac{13}{6}c_2 & + & \frac{1}{7}c_3 & = & e - \frac{9}{4}, \\ \frac{1}{6}c_1 & + & \frac{1}{7}c_2 & + & \frac{49}{8}c_3 & = & \frac{29}{5} - 2e. \end{array}$$

Die Determinante dieses Systems ist von Null verschieden. Wenn wir uns auf eine Genauigkeit von vier Dezimalstellen beschränken, ist

$$c_1 = 0,501\ 0, \quad c_2 = 0,167\ 1, \quad c_3 = 0,042\ 2,$$

und wir erhalten die Näherungslösung

$$\psi(t) = e^t - t - 0,501\ 0t^2 - 0,167\ 1t^3 - 0,042\ 2t^4.$$

Wir können uns leicht überzeugen, daß die Funktion $\varphi(t) \equiv 1$ eine *exakte* Lösung der Integralgleichung (7.24) ist. Für die Näherungslösung $\psi(t)$ erhalten wir für $t = 0$, $t = 0,5$ und $t = 1$ die Werte

$$\psi(0) = 1,000\ 0; \quad \psi(0,5) = 1,000\ 0; \quad \psi(1) = 1,008\ 0.$$

Wenn wir diese Werte mit der exakten Lösung $\varphi(t) \equiv 1$ vergleichen, erhalten wir eine Vorstellung über den F e h l e r , den wir gemacht haben, indem wir den ursprünglichen Kern $K(t,\tau)$ durch den ausgearteten Kern $H(t,\tau)$ ersetzt haben.

7.6 Aufgaben

7.6.1 Man löse die Integralgleichung

$$y(t) = \mu \int_0^1 K(t,\tau)y(\tau)\mathrm{d}\tau + f(t)$$

für folgende Fälle:
(a) $K(t,\tau) = t - 1, \quad f(t) = t.$
(b) $K(t,\tau) = 2e^{t+\tau}, \quad f(t) = e^t.$
(c) $K(t,\tau) = t + \tau - 2t\tau, \quad f(t) = t + t^2.$

7.6.2 Man löse die Integralgleichung

$$y(t) = \mu \int_0^{\pi} \cos(2t + \tau)y(\tau)\mathrm{d}\tau + \sin t.$$

7.6.3 Man löse die Integralgleichung

$$y(t) = \mu \int_{-1}^1 K(t,\tau)y(\tau)\mathrm{d}\tau + f(t)$$

für folgende Fälle:
(a) $K(t,\tau) = \sqrt[3]{t} + \sqrt[3]{\tau}, \quad f(t) = 1 - 6t^2.$
(b) $K(t,\tau) = t^4 + 5t^3\tau, \quad f(t) = t^2 - t^4.$

7.6.4 Man löse die Integralgleichung

$$y(t) = \mu \int_0^{\pi} K(t,\tau)y(\tau)\mathrm{d}\tau + f(t)$$

für folgende Fälle:
(a) $K(t,\tau) = \sin(2t + \tau), \quad f(t) = \pi - 2t.$
(b) $K(t,\tau) = \sin\tau + \tau\cos t, \quad f(t) = 1 - \frac{2t}{\pi}.$

7.6.5 Man bestimme alle charakteristischen Werte und Eigenfunktionen der folgenden Integralgleichungen:
(a) $y(t) = \mu \int_0^{2\pi} \left[\sin(t+\tau) + \frac{1}{2}\right] y(\tau)\mathrm{d}\tau.$
(b) $y(t) = \mu \int_0^{\pi} \left[\sin t \sin 4\tau + \sin 2t \sin 3\tau + \sin 3t \sin 2\tau + \sin 4t \sin\tau\right] y(\tau)\mathrm{d}\tau.$

7.6.6 Man bestimme diejenigen Werte der Parameter a, b, c, für welche die Integralgleichung

$$y(t) = \mu \int_{-1}^1 (t\tau + t^2\tau^2)y(\tau)\mathrm{d}\tau + at^2 + bt + c$$

für beliebige Werte von μ eine Lösung hat.

7.6.7 Man bestimme die Resolvente und die Lösung der Integralgleichung

$$y(t) = \mu \int_0^{2\pi} (\sin t \sin\tau + \sin 2t \sin 2\tau)y(\tau)\mathrm{d}\tau + f(t).$$

Lösbarkeit von Integralgleichungen

8 Operatoren in normierten Vektorräumen

8.1 Normierter Vektorraum, Skalarprodukt

In diesem Abschnitt werden wir einige Aussagen zusammenstellen, die im weiteren benötigt werden, deren Beweise aber den Rahmen dieses Buches sprengen würden. Eine ausführliche Darstellung kann der Leser z.B. in [GÖR] oder [HE1] finden.

Bisher haben wir nur den Integraloperator $\boldsymbol{K}$ untersucht, und zwar im Vektorraum $C([a,b])$ aller auf dem Intervall $[a,b]$ erklärten, stetigen Funktionen. Für unsere weiteren Betrachtungen ist es zweckmäßig, im Raum $C([a,b])$ eine *Norm* einzuführen.

Im Vektorraum $C([a,b])$ kann man eine Norm auf verschiedene Art und Weise einführen. Wenn man z.B. jeder Funktion $f \in C([a,b])$ die reelle Zahl

$$\|f\|_\infty = \max_{x\in[a,b]} |f(x)| \tag{8.1}$$

zuordnet, dann ist $\|f\|_\infty$ eine Norm in $C([a,b])$. Den Vektorraum $C([a,b])$, versehen mit der Norm (8.1), nennen wir einen *normierten Vektorraum* und bezeichnen ihn mit $CL_\infty([a,b])$. Die Zahl $\|f\|_\infty$ aus (8.1) können wir uns als die *Entfernung des Elementes* f vom Nullelement des Raumes $C([a,b])$ vorstellen. Die Entfernung zweier beliebiger Elemente $f,g \in C([a,b])$ können wir dann folgendermaßen messen:

$$\rho_\infty(f,g) = \|f-g\|_\infty = \max_{x\in[a,b]} |f(x)-g(x)|. \tag{8.2}$$

In gewissen, praktischen Aufgaben kann es aber vorkommen, daß die durch (8.2) angegebene Entfernung nicht der Realität angemessen ist. Wenn wir z.B. mit Hilfe eines Oszillographen den Verlauf einer Größe messen, die in einigen (wenigen) Punkten "Sprünge" aufweist (siehe Abb. 8.1), so ist es zweckmäßig, die Entferung zweier Elemente $f,g \in C([a,b])$ mit Hilfe der m i t t l e r e n A b w e i c h u n g der Funktion f von g,

$$\rho_1(f,g) = \frac{1}{b-a}\int_a^b |f(x)-g(x)|\mathrm{d}x,$$

zu messen, oder mit Hilfe der m i t t l e r e n q u a d r a t i s c h e n A b w e i c h u n g

$$\rho_2(f,g) = \left(\frac{1}{b-a}\int_a^b |f(x)-g(x)|^2\mathrm{d}x\right)^{\frac{1}{2}},$$

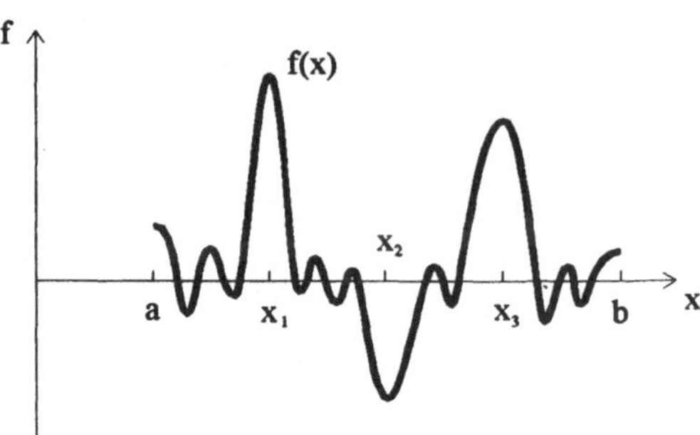

Abb. 8.1

oder ganz allgemein durch

$$\rho_p(f,g) = \left(\frac{1}{b-a}\int_a^b |f(x)-g(x)|^p \mathrm{d}x\right)^{\frac{1}{p}},$$

mit einer beliebigen Zahl $p, 1 \leq p < \infty$.

Deshalb können wir im Vektorraum $C([a,b])$ eine Norm auch durch die folgende Formel definieren

$$\|f\|_p = \left(\int_a^b |f(x)|^p \mathrm{d}x\right)^{\frac{1}{p}}, \quad 1 \leq p < \infty. \tag{8.3}$$

Wir erhalten dann einen normierten Vektorraum, den wir mit $CL_p([a,b])$ bezeichnen. Dieser Zugang bei der Einführung einer Norm in $C([a,b])$ hat den Nachteil, daß der entsprechende normierte Vektorraum $CL_p([a,b])$ nicht vollständig ist. Dies bedeutet, daß es Funktionen $f_k \in C([a,b])$ gibt, so daß $\lim\limits_{n,m\to\infty} \|f_n - f_m\|_p = 0$ gilt, aber trotzdem gibt es keine Funktion $f \in C([a,b])$, für die $\lim\limits_{k\to\infty} \|f_k - f\|_p = 0$ gelten würde. Dieses Problem kann man beseitigen, indem man dem Raum $C([a,b])$ gewisse Grenzelemente hinzufügt und so einen vollständigen normierten Vektorraum erhält. Für den Fall $p = \infty$ treten diese Schwierigkeiten nicht auf, denn der Grenzwert einer gleichmäßig konvergenten Folge stetiger Funktionen f_n ist wieder eine stetige Funktion. Die Einführung einer Norm durch die Formel (8.3) hat jedoch gewisse Vorteile, die wir im weiteren ausnützen werden.

Eine besondere Rolle unter den Vektorräumen $CL_p([a,b])$ nimmt der Raum $CL_2([a,b])$ ein. In diesem Raum können wir nämlich mit Hilfe der Formel

$$(f,g) = \int_a^b f(x)g(x)\mathrm{d}x \tag{8.4}$$

den Begriff des *Skalarprodukts* von zwei beliebigen Elementen $f, g \in CL_2([a, b])$ einführen.

Die Norm im Raum $CL_2([a, b])$ (die sog. L_2–Norm) ist dann mit Hilfe dieses Skalarprodukts gegeben durch

$$\|f\| = \sqrt{(f, f)} \tag{8.5}$$

(wir sollten eigentlich $\|f\|_2$ schreiben, aber für $p = 2$ werden wir den Index p weglassen).

Wir werden uns im weiteren auch mit Funktionen befassen, die k o m p l e x e W e r t e annehmen können. Den Vektorraum aller stetigen Funktionen, die das Intervall $[a, b]$ in die komplexe Ebene $\mathbb{C}$ abbilden, werden wir mit $C([a, b])$ bezeichnen. Auch in diesem Raum können wir eine Norm mit Hilfe der Ausdrücke (8.1) und (8.3) einführen und erhalten somit die normierten Vektorräume $CL_\infty([a, b])$ und $CL_p([a, b])$. Für $p = 2$ definieren wir das Skalarprodukt zweier Elemente $f, g \in CL_2([a, b])$ durch die Formel

$$(f, g) = \int_a^b f(x)\overline{g(x)}\mathrm{d}x,$$

wobei $\overline{g(x)}$ die konjugiert–komplexe Zahl zu $g(x)$ bezeichnet. Die Norm in $CL_2([a, b])$ ist wieder durch (8.5) gegeben.

Wir fassen nun einige grundlegende Eigenschaften des Skalarprodukts und der Norm zusammen, die wir des öfteren benutzen werden. Es sei also $f, g, f_1, f_2 \in CL_2([a, b])$, $\alpha \in \mathbb{C}$. Dann gilt

(S1) $(f, g) = \overline{(g, f)}$ (Hermite–Symmetrie),

(S2) $(\alpha f, g) = \alpha(f, g)$ (Homogenität bezüglich des ersten Gliedes),

(S3) $(f_1 + f_2, g) = (f_1, g) + (f_2, g)$ (Distributivität),

(S4) $(f, f) \geq 0$, wobei aus der Beziehung $(f, f) = 0$ folgt, daß $f = 0$ ist (positive Definitheit).

Aus den Eigenschaften (S1) und (S2) folgt

(S5) $(f, \alpha g) = \overline{(\alpha g, f)} = \overline{\alpha}\overline{(g, f)} = \overline{\alpha}(f, g)$.

Das Skalarprodukt im Raum $CL_2([a, b])$ der reellwertigen Funktionen hat völlig analoge Eigenschaften (man bedenke, daß für reelle Zahlen x die Beziehung $\overline{x} = x$ gilt).

Die Norm hat die Eigenschaften

(N1) $\|f\| \geq 0$, wobei $\|f\| = 0$ genau dann gilt, wenn $f = 0$ ist,

(N2) $\|\alpha f\| = |\alpha|\|f\|$,

(N3) $\|f+g\| \leq \|f\| + \|g\|$ (Dreiecksungleichung).

Definition 8.1 *Es sei E ein beliebiger Vektorraum. Falls man jedem Element $f \in E$ einen (reellen) Wert $\|f\|$ zuordnen kann, für den die Beziehungen* (N1) *bis* (N3) *gelten, nennen wir E einen* normierten Vektorraum. *Falls man jedem Paar $f, g \in E$ eine (im allgemeinen komplexe) Zahl (f, g) so zuordnen kann, daß die Beziehungen* (S1) *bis* (S4) *gelten, nennen wir E einen* Raum mit Skalarprodukt.

In einem Raum E mit Skalarprodukt gilt die folgende, wichtige Formel

$$|(f,g)| \leq \|f\|\|g\|, \tag{8.6}$$

wobei f, g beliebige Elemente aus E sind. Die Beziehung (8.6) heißt *Schwarzsche Ungleichung* und hat für $E = \boldsymbol{C}L_2([a,b])$ bzw. $E = CL_2([a,b])$ die Form

$$\left|\int_a^b f(x)\overline{g(x)}\mathrm{d}x\right| \leq \left(\int_a^b |f(x)|^2 \mathrm{d}x\right)^{\frac{1}{2}} \left(\int_a^b |g(x)|^2 \mathrm{d}x\right)^{\frac{1}{2}} \tag{8.7}$$

bzw.

$$\left|\int_a^b f(x)g(x)\mathrm{d}x\right| \leq \left(\int_a^b f^2(x)\mathrm{d}x\right)^{\frac{1}{2}} \left(\int_a^b g^2(x)\mathrm{d}x\right)^{\frac{1}{2}}. \tag{8.8}$$

Die Schwarzsche Ungleichung in der Form (8.7) oder (8.8) wird oft auch *Cauchy-Ungleichung* oder *Buniakowski-Ungleichung* genannt.

Definition 8.2 *Es sei E ein Raum mit Skalarprodukt. Wir sagen, daß zwei Elemente $f, g \in E$* orthogonal *sind, falls gilt*

$$(f,g) = 0$$

(vgl. mit 7.2). Es sei M eine (endliche oder unendliche) Teilmenge der Menge $\mathbb{N}$ aller natürlichen Zahlen. Ein System $\{\varphi_i\}_{i\in M} \subset E$, dessen Elemente gegenseitig orthogonal sind, d.h. für die gilt: $(\varphi_i, \varphi_j) = 0$ für $i \neq j$, wird Orthogonalsystem *in E genannt. Falls zusätzlich noch gilt $\|\varphi_i\| = 1$ für $i \in M$, nennen wir $\{\varphi_i\}_{i\in M}$ ein* Orthonormalsystem *in E (und schreiben kurz* ONS*).*

Es läßt sich leicht zeigen, daß die Elemente eines ONS $\{\varphi_i\}_{i\in\mathbb{N}}$ linear unabhängig sind.

Ist $\{\psi_i\}_{i\in M}$ ein System von Elementen aus E, dann nennen wir die Menge aller Elemente aus E, die man in der Form einer Linearkombination der Elemente ψ_i, $i \in M$, ausdrücken kann, die *lineare Hülle* des Systems $\{\psi_i\}_{i\in M}$. Mit

Hilfe des *Gram–Schmidtschen Orthonormalisierungsverfahrens* kann man aus den Elementen ψ_i ein ONS $\{\varphi_i\}_{i\in M}$ so bilden, daß der Raum aller Linearkombinationen der Elemente φ_i, $i \in M$, mit dem Raum aller Linearkombinationen der Elemente ψ_i, $i \in M$, übereinstimmt.

Definition 8.3 *Ein System $\{e_k\}_{k=1}^{\infty} \subset E$ linear unabhängiger Elemente $e_k \in E$ wird* Basis *des Raumes E genannt, falls man jedes Element $f \in E$ eindeutig in Form einer Reihe schreiben kann*

$$f = \sum_{k=1}^{\infty} c_k e_k.$$

Die Konvergenz dieser Reihe wird folgendermaßen gedeutet:

$$\lim_{n\to\infty} \|f - \sum_{k=1}^{n} c_k e_k\| = 0. \tag{8.9}$$

Es sei $\{\varphi_i\}_{i=1}^{\infty}$ ein ONS in E. Dann können wir jedem Element $f \in E$ eine unendliche Reihe

$$\sum_{i=1}^{\infty} \alpha_i \varphi_i \tag{8.10}$$

zuordnen mit $\alpha_i = (f, \varphi_i)$. Diese Reihe wird (formale) *Fourier–Reihe des Elementes f bezüglich des* ONS $\{\varphi_i\}_{i=1}^{\infty}$ genannt, und die Zahlen α_i sind dann die *Fourier–Koeffizienten* des Elementes f bezüglich des ONS $\{\varphi_i\}_{i=1}^{\infty}$. Es gilt die folgende Beziehung zwischen dem Element f und seinen Fourier–Koeffizienten α_i

$$\sum_{i=1}^{\infty} |\alpha_i|^2 \le \|f\|^2, \tag{8.11}$$

genannt *Besselsche Ungleichung.*

Im Zusammenhang mit der Konvergenz der Reihe (8.1) [im Sinne des Grenzwertes (8.9)] entsteht nun die natürliche Frage: Wann konvergiert die Reihe (8.10) gegen das Element f? Es zeigt sich, daß man in einer ganzen Reihe von konkreten Fällen (z.B. für $E = CL_2([a,b])$ oder $E = CL_2([a,b])$ usw.) im Raum E ein solches ONS $\{\varphi_i\}_{i=1}^{\infty}$ finden kann, daß die (formale) Fourier–Reihe (8.10) eines beliebigen Elementes $f \in E$ konvergiert und daß gilt

$$f = \sum_{i=1}^{\infty} \alpha_i \varphi_i. \tag{8.12}$$

Definition 8.4 *Es sei* $\{\varphi_i\}_{i=1}^{\infty}$ *ein* ONS *in* E *derart, daß für jedes Element* $f \in E$ *seine (formale) Fourier–Reihe* (8.10) *konvergiert und daß* (8.12) *gilt. Dann wird dieses* ONS Orthonormalbasis *(kurz* ONB*)* des Raumes E *genannt. Die Reihe* (8.10) *heißt dann* Fourier–Reihe des Elementes $f \in E$ *bezüglich der* ONB $\{\varphi_i\}_{i=1}^{\infty}$.

Es sei $\{\varphi_i\}_{i=1}^{\infty}$ eine ONB des Raumes E und $f \in E$ ein beliebiges Element. Wenn wir die Identität (8.12) skalar mit dem Element f multiplizieren, erhalten wir (aufgrund der Linearität und Stetigkeit des Skalarprodukts)

$$(f, f) = (f, \sum_{k=1}^{\infty} \alpha_k \varphi_k) = \sum_{k=1}^{\infty} \overline{\alpha}_k (f, \varphi_k) = \sum_{k=1}^{\infty} |\alpha_k|^2. \tag{8.13}$$

Diese Beziehung wird *Parsevalsche Gleichung* genannt. Mit anderen Worten: Ist ein ONS $\{\varphi_i\}_{i=1}^{\infty}$ gleichzeitig eine ONB des Raumes E, geht die Besselsche Ungleichung in die Parsevalsche Gleichung über.

Beispiel 8.1 a) Das System der trigonometrischen Funktionen

$$\left\{ \frac{1}{\sqrt{2\pi}}, \frac{\cos nx}{\sqrt{\pi}}, \frac{\sin nx}{\sqrt{\pi}} \right\}_{n=1}^{\infty}$$

bildet eine ONB des Raumes $CL_2([-\pi, \pi])$.

b) Das System der Exponentialfunktionen

$$\left\{ \frac{e^{inx}}{\sqrt{2\pi}} \right\}_{n=-\infty}^{\infty}$$

bildet eine ONB des Raumes $CL_2([-\pi, \pi])$.

c) Das System der Legendreschen Polynome

$$\left\{ \sqrt{\frac{2n+1}{2}} \frac{1}{2^n n!} \frac{\mathrm{d}^n}{\mathrm{d}x^n} (x^2 - 1)^n \right\}_{n=0}^{\infty}$$

bildet eine ONB des Raumes $CL_2([-1, 1])$.

8.2 Lineare Operatoren

Definition 8.5 *Es seien X, Y zwei normierte Vektorräume, $\mathcal{D}$ eine Teilmenge der Menge X. Falls jedem Element $f \in X$ eindeutig ein Element $\boldsymbol{A}(f) = u \in Y$ zugeordnet ist, sagen wir, daß ein* Operator *$\boldsymbol{A}$ von X in Y mit* Definitionsbereich *$\mathcal{D} = \mathcal{D}(\boldsymbol{A})$ gegeben ist. Die Menge aller Elemente $\boldsymbol{A}(f) \in Y$, die wir erhalten, wenn f die Menge $\mathcal{D}$ durchläuft, nennen wir* Wertebereich *$\mathcal{W} = \mathcal{W}(\boldsymbol{A})$ des Operators $\boldsymbol{A}$.*

Statt des Ausdruckes "Operator" benutzt man oft den Ausdruck "Abbildung". Die Tatsache, daß der Operator $\boldsymbol{A}$ (eine Teilmenge von) X in Y abbildet, werden wir folgendermaßen bezeichnen:

$$\boldsymbol{A} : X \to Y.$$

Definition 8.6 *Ein Operator $\boldsymbol{A} : X \to Y$ wird* linearer Operator *genannt, falls gilt*

(L1) *$\mathcal{D}(\boldsymbol{A})$ ist ein Vektorraum in X, d.h., für zwei beliebige Zahlen $r, s \in \mathbb{C}$ (bzw. $r, s \in \mathbb{R}$) und für zwei beliebige Elemente $f, g \in \mathcal{D}(\boldsymbol{A})$ ist auch $rf + sg \in \mathcal{D}(\boldsymbol{A})$.*

(L2) *$\boldsymbol{A}(rf + sg) = r\,\boldsymbol{A}\,f + s\,\boldsymbol{A}\,g$.*

Beispiel 8.2 a) Der in Abschnitt 3 definierte Integraloperator $\boldsymbol{K}$:

$$(\boldsymbol{K}\,y)(t) = \int_a^b K(t,\tau)y(\tau)\mathrm{d}\tau \tag{8.14}$$

ist ein linearer Operator von $C([a,b])$ in $C([a,b])$ mit Definitionsbereich $\mathcal{D}(\boldsymbol{K}) = C([a,b])$. Falls der Kern $K(t,\tau)$ eine im Grundquadrat Q stetige Funktion ist, kann man zeigen, daß der Wertebereich $\mathcal{W}(\boldsymbol{K})$ eine Teilmenge des Raumes $C([a,b])$ ist, aber n i c h t den ganzen Raum $C([a,b])$ ausschöpft.

b) Man bezeichne mit $C^{(n)}([a,b])$ die Menge aller Funktionen, deren Ableitungen bis zur Ordnung n (inbegriffen) stetige Funktionen in $[a,b]$ sind. Dann ist $C^{(n)}([a,b])$ offensichtlich ein Vektorraum, und es gilt

$$C^{(n)}([a,b]) \subset C([a,b]).$$

Wenn man einen Operator $\boldsymbol{D} : C^{(1)}([a,b]) \to C([a,b])$ durch die Vorschrift

$$\boldsymbol{D}\,f = f'$$

für jede Funktion $f \in C^{(1)}([a,b])$ definiert, dann ist $\boldsymbol{D}$ ein linearer Operator, für den gilt: $\mathcal{D}(\boldsymbol{D}) = C^{(1)}([a,b])$, $\mathcal{W}(\boldsymbol{D}) = C([a,b])$.

c) Eine spezielle Rolle unter den linearen Operatoren spielt der *Identitätsoperator* $\boldsymbol{I}$, der durch die Vorschrift

$$\boldsymbol{I} f = f \quad \text{für alle } f \in X$$

definiert ist (es ist dann $\boldsymbol{I} : X \to X$, $\mathcal{D}(\boldsymbol{I}) = X$), und weiter der *Nulloperator* $\Theta : X \to Y$, der durch

$$\Theta f = \theta \in Y \text{ für alle } f \in X$$

gegeben ist (θ ist das Nullelement des Raumes Y; es ist $\mathcal{D}(\Theta) = X$, $\mathcal{W}(\Theta) = \{\theta\}$).

8.3 Die Norm eines beschränkten linearen Operators

Wir werden uns im folgenden mit linearen Operatoren $\boldsymbol{A} : X \to Y$ befassen, für die $\mathcal{D}(\boldsymbol{A}) = X$ gilt.

Definition 8.7 *Ein linearer Operator* $\boldsymbol{A} : X \to Y$ *mit* $\mathcal{D}(\boldsymbol{A}) = X$ *heißt* beschränkt, *wenn es eine Konstante* $c > 0$ *gibt, so daß die Ungleichung*

$$\| \boldsymbol{A} f\|_Y \leq c\|f\|_X \tag{8.15}$$

für alle $f \in X$ *gilt. Das Symbol* $\|.\|_X$ *bzw.* $\|.\|_Y$ *bezeichnet die Norm im Raum* X *bzw.* Y. *Die kleinste Konstante* c, *für welche die Beziehung* (8.15) *gilt, wird* Norm des Operators $\boldsymbol{A}$ *genannt und mit* $\| \boldsymbol{A} \| = \| \boldsymbol{A} \|_{(X,Y)}$ *bezeichnet.*

Es sei bemerkt, daß man die Norm eines beschränkten Operators $\boldsymbol{A} : X \to Y$ auch folgendermaßen charakterisieren kann: Aufgrund von Definition 8.7 gilt

$$\| \boldsymbol{A} f\|_Y \leq \| \boldsymbol{A} \| \|f\|_X$$

für alle $f \in X$. Für $f \neq \theta$ ist daher

$$\| \boldsymbol{A} \| \geq \frac{\| \boldsymbol{A} f\|_Y}{\|f\|_X}, \tag{8.16}$$

und da $\| \boldsymbol{A} \|$ die kleinste Konstante ist, welche die Ungleichung (8.15) erfüllt, haben wir

$$\| \boldsymbol{A} \| = \sup_{\|f\|_X \neq 0} \frac{\| \boldsymbol{A} f\|_Y}{\|f\|_X}. \tag{8.17}$$

Die Beziehung (8.17) können wir auch in der folgenden äquivalenten Form schreiben:

$$\| \boldsymbol{A} \| = \sup_{\|f\|_X = 1} \| \boldsymbol{A} f \|_Y .$$

Satz 8.1 *Jeder beschränkte lineare Operator* $\boldsymbol{A} : X \to Y$ *ist stetig, d.h., zu jedem* $\varepsilon > 0$ *gibt es ein* $\delta > 0$*, so daß für zwei beliebige Elemente* $f, g \in X$*, die die Bedingung* $\|f - g\|_X < \delta$ *erfüllen, gilt*

$$\| \boldsymbol{A} f - \boldsymbol{A} g \|_Y < \varepsilon .$$

Beweis Aufgrund der Linearität und Beschränktheit des Operators $\boldsymbol{A}$ gilt für jedes Paar von Elementen $f, g \in X$

$$\| \boldsymbol{A} f - \boldsymbol{A} g \|_Y = \| \boldsymbol{A}(f - g) \|_Y \leq \| \boldsymbol{A} \| \|f - g\|_X .$$

Wählen wir $\delta = \varepsilon \| \boldsymbol{A} \|^{-1}$, so gilt

$$\|f - g\|_X < \delta \Rightarrow \| \boldsymbol{A} f - \boldsymbol{A} g \|_Y < \varepsilon .$$

Bemerkung 8.1 Die Behauptung von Satz 8.1 läßt sich auch umkehren, d.h., man kann zeigen, daß *jeder stetige lineare Operator beschränkt ist.* Im Falle linearer Operatoren sind also die Begriffe "Stetigkeit" und "Beschränktheit" äquivalent.

Beispiel 8.3 a) Man betrachte den Integraloperator $\boldsymbol{K}$ aus Beispiel 8.2 a), d.h., $\boldsymbol{K} : CL_\infty([a,b]) \to CL_\infty([a,b])$. Dann ist

$$\| \boldsymbol{K} f \|_\infty = \max_{t \in [a,b]} \left| \int_a^b K(t,\tau) f(\tau) \mathrm{d}\tau \right| \leq \max_{t \in [a,b]} \int_a^b |K(t,\tau)| \, \mathrm{d}\tau \|f\|_\infty .$$

Für einen konkreten Kern $K(t,\tau)$ kann man eine stetige Funktion f_0 finden, so daß gilt

$$\| \boldsymbol{K} f_0 \|_\infty = \max_{t \in [a,b]} \int_a^b |K(t,\tau)| \, \mathrm{d}\tau \|f_0\|_\infty$$

(siehe [LJS]), und folglich ist

$$\| \boldsymbol{K} \|_{(CL_\infty, CL_\infty)} = \max_{t \in [a,b]} \int_a^b |K(t,\tau)| \, \mathrm{d}\tau .$$

b) Man betrachte nun den Integraloperator $\boldsymbol{K} : CL_2([a,b]) \to CL_2([a,b])$. Aufgrund der Cauchy–Ungleichung (8.8) erhalten wir

$$\begin{aligned}\|\boldsymbol{K}\, f\|^2 &= \int_a^b \left[\int_a^b K(t,\tau)f(\tau)\mathrm{d}\tau\right]^2 \mathrm{d}t \\ &\leq \int_a^b \left(\int_a^b K^2(t,\tau)\mathrm{d}\tau\right)\left(\int_a^b f^2(\tau)\mathrm{d}\tau\right)\mathrm{d}t \qquad (8.18)\\ &= \int_a^b \int_a^b K^2(t,\tau)\mathrm{d}\tau\mathrm{d}t\|f\|^2.\end{aligned}$$

Wiederum kann man eine Funktion $f_0 \in C([a,b])$ finden, so daß in (8.18) für $f = f_0$ das Gleichheitszeichen gilt, und folglich ist dann

$$\|\boldsymbol{K}\, f\|_{(CL_2,CL_2)} = \left(\int_a^b \int_a^b K^2(t,\tau)\mathrm{d}t\mathrm{d}\tau\right)^{\frac{1}{2}}.$$

8.4 Eigenwerte und Eigenelemente eines linearen Operators. Spektrum eines linearen Operators

Wir bezeichnen mit $L(X,Y)$ die Menge aller stetigen linearen Operatoren $\boldsymbol{A} : X \to Y$. Für zwei beliebige Operatoren $\boldsymbol{A}, \boldsymbol{B} \in L(X,Y)$ und eine beliebige Zahl $\lambda \in \mathbb{C}$ (bzw. $\lambda \in \mathbb{R}$) können wir die *Summe* $\boldsymbol{A} + \boldsymbol{B}$ und das *λ–fache* $\lambda\,\boldsymbol{A}$ folgendermaßen definieren:

$$(\boldsymbol{A}+\boldsymbol{B})f = \boldsymbol{A}\, f + \boldsymbol{B}\, f, \quad (\lambda\,\boldsymbol{A})f = \lambda(\boldsymbol{A}\, f),$$

$f \in X$. Man kann leicht zeigen, daß gilt: $\boldsymbol{A}+\boldsymbol{B} \in L(X,Y)$, $\lambda\,\boldsymbol{A} \in L(X,Y)$ (man beweise es als Übungsaufgabe!). Die Menge aller linearen Operatoren ist also ein V e k t o r r a u m . Das *Nullelement* dieses Raumes ist der in Beispiel 8.2 definierte Nulloperator Θ. Falls wir im Raum $L(X,Y)$ die Norm eines Elementes (Operators) $\boldsymbol{A} \in L(X,Y)$ mit Hilfe der Formel

$$\|\,\boldsymbol{A}\,\|_{L(X,Y)} = \|\,\boldsymbol{A}\,\|_{(X,Y)}$$

definieren, wird $L(X,Y)$ zu einem n o r m i e r t e n V e k t o r r a u m .

Für $X = Y$ benutzen wir die Bezeichnung

$$L(X,X) = L(X).$$

Definition 8.8 *Es sei* $\boldsymbol{A}$ *ein Operator aus* $L(X)$. *Eine Zahl* $\lambda \in \mathbb{C}$, *zu der eine nichttriviale Lösung* $\varphi \in X$ *(d.h.* $\varphi \neq \theta$*) der Gleichung*

$$\boldsymbol{A}\varphi = \lambda\varphi$$

existiert, heißt Eigenwert des Operators $\boldsymbol{A}$. *Die nichttriviale Lösung* φ *nennt man ein* zum Eigenwert λ gehörendes Eigenelement.

Aus der vorhergehenden Definition folgt unmittelbar, daß die Menge aller Eigenelemente zum Eigenwert λ, ergänzt noch um das Nullelement $\theta \in X$, einen Untervektorraum in X bildet. Mit anderen Worten: Jede nichttriviale Linearkombination von Eigenelementen zum Eigenwert λ ist wieder ein zum Eigenwert λ gehörendes Eigenelement.

Definition 8.9 *Die Maximalzahl linear unabhängiger Eigenelemente zum Eigenwert* λ *heißt* Vielfachheit des Eigenwertes λ, *die Menge aller Eigenwerte des Operators* $\boldsymbol{A}$ Punktspektrum des Operators $\boldsymbol{A}$. *Falls* $\lambda \neq 0$ *ein Eigenwert des Operators* $\boldsymbol{A}$ *ist, wird die Zahl* $\mu = \frac{1}{\lambda}$ charakteristischer Wert des Operators $\boldsymbol{A}$ *genannt. Die Menge aller charakteristischen Werte bezeichnet man als* charakteristisches Spektrum des Operators $\boldsymbol{A}$.

Aus Definition 8.9 folgt, daß μ ein charakteristischer Wert des Operators $\boldsymbol{A}$ ist, falls die Gleichung

$$\varphi = \mu\boldsymbol{A}\varphi$$

eine n i c h t t r i v i a l e L ö s u n g hat. Die Eigenelemente φ, die dem charakteristischen Wert μ entsprechen, stimmen mit den Eigenelementen zum Eigenwert $\lambda = \frac{1}{\mu}$ überein.

Die Zahl $\mu = 0$ ist nie ein charakteristischer Wert des Operators $\boldsymbol{A}$. Andererseits kann aber die Zahl $\lambda = 0$ sehr wohl ein Eigenwert des Operators $\boldsymbol{A}$ sein.

8.5 Selbstadjungierte Operatoren

In diesem Absatz setzen wir voraus, daß E ein Raum mit Skalarprodukt und $\boldsymbol{A} \in L(E)$ ein beschränkter linearer Operator ist. Alle hier durchgeführten Überlegungen kann (und sollte) man sich an dem Spezialfall $E = CL_2([a,b])$ und $\boldsymbol{A} = \boldsymbol{K}$, wobei $\boldsymbol{K}$ durch die Formel (8.14) gegeben ist, veranschaulichen.

Mit Hilfe des Operators $\boldsymbol{A}$ kann man (unter gewissen Voraussetzungen) durch die Beziehung

$$(\boldsymbol{A}f, g) = (f, \boldsymbol{A}^* g) \quad (f, g \in E) \tag{8.19}$$

einen Operator $\boldsymbol{A}^*$ definieren. Falls ein solcher Operator $\boldsymbol{A}^*$ existiert, nennt man diesen den zu $\boldsymbol{A}$ *adjungierten Operator;* er ist dann wiederum ein linearer Operator von E nach E : $\boldsymbol{A}^* \in L(E)$. Tatsächlich gilt für beliebige Elemente $f, g, h \in E$

$$(\boldsymbol{A} f, g + h) = (\boldsymbol{A} f, g) + (\boldsymbol{A} f, h) = (f, \boldsymbol{A}^* g) + (f, \boldsymbol{A}^* h),$$

woraus

$$(f, \boldsymbol{A}^*(g + h) - \boldsymbol{A}^* g - \boldsymbol{A}^* h) = 0$$

für ein beliebiges $f \in E$ folgt. Wählt man $f = \boldsymbol{A}^*(g + h) - \boldsymbol{A}^* g - \boldsymbol{A}^* h$, so ergibt sich wegen (S4) die Beziehung

$$\boldsymbol{A}^*(g + h) = \boldsymbol{A}^* g + \boldsymbol{A}^* h.$$

Ähnlich kann man zeigen, daß für beliebige $\lambda \in \mathbb{C}$ und $f \in E$ gilt

$$\boldsymbol{A}^*(\lambda f) = \lambda \boldsymbol{A}^* f.$$

Falls der adjungierte Operator $\boldsymbol{A}^*$ existiert, ist er eindeutig bestimmt. Sind nämlich $\boldsymbol{A}_1^*$ und $\boldsymbol{A}_2^*$ zu $\boldsymbol{A}$ adjungierte Operatoren, so gelten die Beziehungen

$$(\boldsymbol{A} f, g) = (f, \boldsymbol{A}_1^* g), \quad (\boldsymbol{A} f, g) = (f, \boldsymbol{A}_2^* g).$$

Hieraus folgt, daß für beliebige Elemente $f, g \in E$ gilt

$$(f, \boldsymbol{A}_1^* g - \boldsymbol{A}_2^* g) = 0.$$

Wenn wir nun $f = \boldsymbol{A}_1^* g - \boldsymbol{A}_2^* g$ wählen, erhalten wir wegen (S4) die Beziehung

$$\|(\boldsymbol{A}_1^* - \boldsymbol{A}_2^*)g\|_E = 0$$

für ein beliebiges $g \in E$. Das heißt jedoch, daß $\boldsymbol{A}_1^* = \boldsymbol{A}_2^* = \Theta$ (d.h. dem Nulloperator) ist, und folglich gilt $\boldsymbol{A}_1^* = \boldsymbol{A}_2^*$.

Aus den soeben durchgeführten Überlegungen folgt gleichzeitig, daß $\boldsymbol{A}$ der zu $\boldsymbol{A}^*$ adjungierte Operator $\boldsymbol{A}^{**}$ ist.

Satz 8.2 *Ist $\boldsymbol{A} \in L(E)$ ein beschränkter linearer Operator, dann ist auch $\boldsymbol{A}^*$ ein beschränkter linearer Operator, und es gilt*

$$\| \boldsymbol{A} \|_{L(E)} = \| \boldsymbol{A}^* \|_{L(E)}. \tag{8.20}$$

Beweis Wir setzen voraus, daß der zu $\boldsymbol{A}$ adjungierte Operator $\boldsymbol{A}^*$ existiert. Wie wir schon oben gezeigt haben, ist dann $\boldsymbol{A}^*$ ein linearer Operator, für den die Formel (8.20) gilt. Für $f = \boldsymbol{A}^* g$ erhalten wir aufgrund von (8.19)

$$(\boldsymbol{A} f, g) = (\boldsymbol{A}(\boldsymbol{A}^* g), g) = (\boldsymbol{A}^* g, \boldsymbol{A}^* g) = \| \boldsymbol{A}^* g\|_E^2. \tag{8.21}$$

Aus der Schwarzschen Ungleichung (8.6) folgt

$$|(\boldsymbol{A}(\boldsymbol{A}^* g), g)| \leq \| \boldsymbol{A}(\boldsymbol{A}^* g)\|_E \|g\|_E \leq \| \boldsymbol{A} \|_{L(E)} \| \boldsymbol{A}^* g\|_E \|g\|_E. \tag{8.22}$$

Dies ergibt gemeinsam mit (8.21) die Ungleichung

$$\| \boldsymbol{A}^* g\|_E \leq \| \boldsymbol{A} \|_{L(E)} \|g\|_E$$

für ein beliebiges Element $g \in E$. Hieraus folgt, daß $\boldsymbol{A}^*$ ein beschränkter Operator ist und daß gilt

$$\| \boldsymbol{A}^* \|_{L(E)} \leq \| \boldsymbol{A} \|_{L(E)}. \tag{8.23}$$

Wenn wir in den Beziehungen (8.21) und (8.23) die Rolle der Operatoren $\boldsymbol{A}$ und $\boldsymbol{A}^*$ vertauschen, erhalten wir statt (8.23) die Ungleichung

$$\| \boldsymbol{A} \|_{L(E)} \leq \| \boldsymbol{A}^* \|_{L(E)},$$

womit der Beweis durchgeführt ist.

Definition 8.10 *Ein beschränkter linearer Operator $\boldsymbol{A} \in L(E)$ wird* selbstadjungiert *genannt, falls der zu $\boldsymbol{A}$ adjungierte Operator $\boldsymbol{A}^*$ existiert und die Beziehung*

$$\boldsymbol{A} = \boldsymbol{A}^*$$

gilt.

Aus Definition 8.10 folgt, daß man einen selbstadjungierten Operator auch folgendermaßen charakterisieren kann:

$$(\boldsymbol{A} f, g) = (f, \boldsymbol{A} g)$$

für beliebige Elemente $f, g \in E$.

Beispiel 8.4 a) Aus der linearen Algebra wissen wir, daß einem (stetigen) linearen Operator $\boldsymbol{A} : \mathbb{R}^n \to \mathbb{R}^n$ eine quadratische Matrix $\mathbf{A}$ von Typ $n \times n$ entspricht. Dem adjungierten Operator $\boldsymbol{A}^*$ entspricht dann die t r a n s p o -

nierte Matrix $\mathbf{A}^T$, und einem selbstadjungierten Operator $\boldsymbol{A} : \mathbb{R}^n \to \mathbb{R}^n$ entspricht eine symmetrische Matrix.

b) Wir betrachten nun den komplexen n–dimensionalen Raum $\mathbb{C}^n$. Bekanntlich sind Elemente des Vektorraumes $\mathbb{C}^n$ geordnete n–Tupel komplexer Zahlen

$$\boldsymbol{z} = (z_1, z_2, \ldots, z_n)$$

mit der auf übliche Weise definierten Addition $\boldsymbol{z}^1 + \boldsymbol{z}^2$ und Multiplikation $\lambda\, \boldsymbol{z}$ für beliebige $\boldsymbol{z}^1, \boldsymbol{z}^2, \boldsymbol{z} \in \mathbb{C}^n$ und $\lambda \in \mathbb{C}$. Das Skalarprodukt ist in $\mathbb{C}^n$ folgendermaßen definiert:

$$(\boldsymbol{z}, \boldsymbol{w}) = \sum_{i=1}^{n} z_i \overline{w}_i. \tag{8.24}$$

Es sei $\mathbf{A} \in L(\mathbb{C}^n)$ ein linearer Operator, der $\mathbb{C}^n$ in $\mathbb{C}^n$ abbildet, $\mathbf{A}\, \boldsymbol{z} = \boldsymbol{u}$ und $\boldsymbol{z}, \boldsymbol{u} \in \mathbb{C}^n$. Aus der Linearität von $\mathbf{A}$ folgt dann, daß gilt

$$u_i = \sum_{j=1}^{n} a_{ij} z_j, \quad i = 1, 2, \ldots, n. \tag{8.25}$$

Dem Operator $\boldsymbol{A}$ entspricht also die Matrix $(a_{ij})_{i,j=1,2,\ldots,n}$ mit den komplexen Elementen a_{ij}. Aus (8.24) und (8.25) folgt

$$(\boldsymbol{A}\, z, w) = \sum_{i=1}^{n} u_i \overline{w}_i = \sum_{i=1}^{n} \left(\sum_{j=1}^{n} a_{ij} z_j \right) \overline{w}_i = \sum_{j=1}^{n} \left(z_j \overline{\sum_{j=1}^{n} \overline{a}_{ij} w_i} \right) = (z, \boldsymbol{A}^*\, w)$$

(wir haben hier die bekannten Eigenschaften der komplexen Zahlen, $\overline{(\overline{a})} = a$, $\overline{(a+b)} = \overline{a} + \overline{b}$, benutzt). Dem adjungierten Operator $\boldsymbol{A}^*$ entspricht also die Matrix $(a^*_{ij})_{i,j=1,2,\ldots,n}$, für deren Elemente gilt

$$a^*_{ij} = \overline{a}_{ji}, \quad i, j = 1, 2, \ldots, n.$$

Einem selbstadjungierten Operator $\boldsymbol{A} \in L(\mathbb{C}^n)$ entspricht also eine Hermite-transponierte Matrix $(a_{ij})_{i,j=1,2,\ldots,n}$, deren Elemente die folgende Bedingung erfüllen:

$$a_{ij} = \overline{a}_{ji}.$$

9 Selbstadjungierte Integraloperatoren

In diesem Abschnitt werden wir die Eigenschaften des Integraloperators

$$(\boldsymbol{K}\, y)(t) = \int_a^b K(t,\tau)y(\tau)\mathrm{d}\tau \tag{9.1}$$

untersuchen, und zwar unter der Voraussetzung, daß der Kern $K(t,\tau)$ eine auf dem Grundquadrat Q erklärte, stetige reelle Funktion ist. Den Operator $\boldsymbol{K}$ werden wir als Operator von $\boldsymbol{C}L_2([a,b])$ nach $\boldsymbol{C}L_2([a,b])$ auffassen, d.h., die Funktion $y(t)$ kann i.allg. auch komplexe Werte annehmen. Wir beschränken uns auf "reelle" Kerne, weil solche in Anwendungen weit öfter vorkommen als "komplexe" Kerne. Außerdem läßt sich alles, was wir hier für reelle Kerne herleiten werden, praktisch ohne jegliche Änderung auch auf komplexwertige Kerne übertragen. Falls dennoch Unterschiede auftreten, werden wir darauf hinweisen. Überdies wäre es nicht günstig, wenn wir uns nur auf die Untersuchung von Operatoren

$$\boldsymbol{K} : CL_2([a,b]) \to CL_2([a,b])$$

beschränken würden, denn auch reellwertige Kerne $K(t,\tau)$ können komplexwertige charakteristische Werte besitzen.

Bevor wir den Begriff eines selbstadjungierten Integraloperators einführen, geben wir einige Eigenschaften des Operators $\boldsymbol{K}$ an.

Satz 9.1 *Der durch die Formel* (9.1) *definierte Integraloperator* $\boldsymbol{K} : \boldsymbol{C}L_2([a,b]) \to \boldsymbol{C}L_2([a,b])$*, dessen Kern* $K(t,\tau)$ *eine stetige, reelle Funktion auf* Q *ist, stimmt genau dann mit dem Nulloperator* $\Theta \in L(\boldsymbol{C}L_2([a,b]))$ *überein, wenn gilt*

$$K(t,\tau) \equiv 0 \quad in \quad Q.$$

Beweis Hinlänglichkeit. Ist $K(t,\tau) \equiv 0$ in Q, dann ist offensichtlich

$$(\boldsymbol{K}\, y)(t) = \int_a^b K(t,\tau)y(\tau)\mathrm{d}\tau \equiv 0$$

für eine beliebige Funktion $y \in \boldsymbol{C}L_2([a,b])$. Folglich ist $\boldsymbol{K} = \Theta$.

Notwendigkeit. Es sei $\boldsymbol{K} = \Theta$. Dann gilt also

$$\boldsymbol{K}\, y \equiv 0 \tag{9.2}$$

für eine beliebige Funktion $y \in \boldsymbol{C}L_2([a,b])$. Wir nehmen an, daß es einen Punkt $(t_0, \tau_0) \in Q$ mit $K(t_0, \tau_0) > 0$ gibt. O.B.d.A. können wir voraussetzen, daß der Punkt (t_0, τ_0) im Inneren von Q liegt. Aus der Stetigkeit der Funktion $K(t, \tau)$ in Q folgt dann die Existenz einer Umgebung

$$\mathcal{U} = \{(t, \tau) \in \mathbb{R}^2; \quad |t - t_0| < \delta, |\tau - \tau_0| < \delta\} \subset Q$$

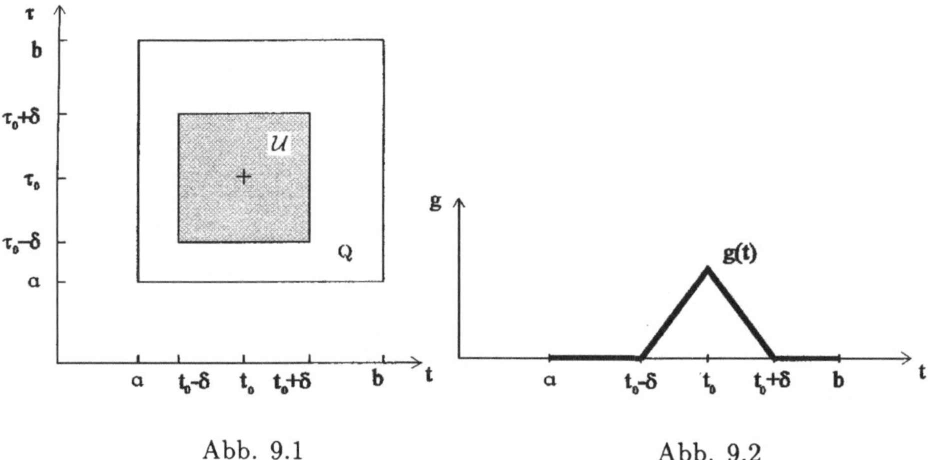

Abb. 9.1 Abb. 9.2

des Punktes (t_0, τ_0) mit $\delta > 0$, so daß für jeden Punkt $(t, \tau) \in \mathcal{U}$ gilt: $K(t, \tau) > 0$. Nun definieren wir folgendermaßen eine stetige Funktion $g(t)$: es sei $g(t) > 0$ für $|t - t_0| < \delta$ und $g(t) = 0$ für alle anderen $t \in [a, b]$ (vgl. Abbildungen 9.1 und 9.2). Dann gilt für $|t - t_0| < \delta$

$$h(t) = \int_a^b K(t, \tau) g(\tau) \mathrm{d}\tau = \int_{t_0 - \delta}^{t_0 + \delta} K(t, \tau) g(\tau) \mathrm{d}\tau > 0, \tag{9.3}$$

was im Widerspruch zu (9.2) steht. Ähnlich kann man zeigen, daß es keinen Punkt $(t_0, \tau_0) \in Q$ gibt, für den $K(t_0, \tau_0) < 0$ wäre. Folglich muß $K(t, \tau) \equiv 0$ sein, womit alles gezeigt ist.

Aus Satz 9.1 folgt unmittelbar, daß ein Integraloperator $\boldsymbol{K}$ mit einem von Null verschiedenen stetigen Kern eine von Null verschiedene Norm hat, die durch die Formel

$$\| \boldsymbol{K} \| = \sup_{y \neq 0} \frac{\| \boldsymbol{K} y \|}{\| y \|} > 0 \tag{9.4}$$

gegeben ist. Betrachten wir nämlich die Funktionen g und h aus dem Beweis von Satz 9.1, so ist wegen $h(t) > 0$ für $|t - t_0| < \delta$ auch

$$\frac{\| \boldsymbol{K}\, g\|}{\|g\|} = \frac{\|h\|}{\|g\|} > 0.$$

Das Supremum in (9.4) ist daher positiv.

Satz 9.2 *Jeder Integraloperator $\boldsymbol{K} : CL_2([a,b]) \to CL_2([a,b])$ mit einem stetigen reellen Kern $K(t,\tau)$ besitzt einen adjungierten Operator $\boldsymbol{K}^* : CL_2([a,b]) \to CL_2([a,b])$. Dieser adjungierte Operator $\boldsymbol{K}^*$ ist wieder ein Integraloperator, und für dessen Kern $K^*(t,\tau)$ gilt*

$$K^*(t,\tau) = K(\tau,t),$$

d.h., es ist

$$(\boldsymbol{K}^*\, z)(t) = \int_a^b K(\tau,t) z(\tau) \mathrm{d}\tau. \tag{9.5}$$

Beweis Es seien y, z zwei beliebige Funktionen aus $CL_2([a,b])$. Dann gilt

$$\begin{aligned}(\boldsymbol{K}\, y, z) &= \int_a^b (\boldsymbol{K}\, y)(t)\overline{z(t)}\mathrm{d}t = \int_a^b \left(\int_a^b K(t,\tau)y(\tau)\mathrm{d}\tau\right)\overline{z(t)}\mathrm{d}t \\ &= \int_a^b y(\tau)\left(\int_a^b \overline{K(t,\tau)z(t)}\mathrm{d}t\right)\mathrm{d}\tau.\end{aligned} \tag{9.6}$$

(Man begründe, warum eine Vertauschung der Integrationsreihenfolge erlaubt ist!) Verwenden wir für $\boldsymbol{K}^*$ die Formel (9.5), so folgt aus (9.6) die Beziehung [beachte $K(t,\tau) \in \mathbb{R}$]

$$(\boldsymbol{K}\, y, z) = \int_a^b y(\tau)\overline{(\boldsymbol{K}^*\, z)(\tau)}\mathrm{d}\tau = (y, \boldsymbol{K}^*\, z),$$

d.h., der durch (9.5) definierte Operator $\boldsymbol{K}^*$ ist tatsächlich zum Operator $\boldsymbol{K}$ adjungiert.

Satz 9.3 *Ein Integraloperator $\boldsymbol{K}$ mit stetigem, reellem Kern $K(t,\tau)$ ist genau dann selbstadjungiert, wenn sein Kern symmetrisch ist, d.h. wenn gilt*

$$K(t,\tau) = K(\tau,t).$$

Beweis N o t w e n d i g k e i t . Man setze voraus, daß der Operator $\boldsymbol{K}$ selbstadjungiert ist, d.h. daß gilt $\boldsymbol{K} = \boldsymbol{K}^*$. Wenn wir die Gleichungen

$$(\boldsymbol{K}\, y)(t) = \int_a^b K(t,\tau)y(\tau)\mathrm{d}\tau \quad \text{und} \quad (\boldsymbol{K}^*\, y)(t) = \int_a^b K(\tau,t)y(\tau)\mathrm{d}\tau$$

voneinander subtrahieren, erhalten wir

$$\int_a^b [K(t,\tau) - K(\tau,t)]y(\tau)\mathrm{d}\tau = 0,$$

und zwar für jede Funktion $y \in \boldsymbol{C}L_2([a,b])$. Aus Satz 9.1 folgt nun

$$K(t,\tau) \equiv K(\tau,t).$$

H i n l ä n g l i c h k e i t . Ist der Kern $K(t,\tau)$ symmetrisch, dann ist für ein beliebiges $y \in \boldsymbol{C}L_2([a,b])$

$$(\boldsymbol{K}\, y)(t) = \int_a^b K(t,\tau)y(\tau)\mathrm{d}\tau = \int_a^b K(\tau,t)y(\tau)\mathrm{d}\tau = (\boldsymbol{K}^*\, y)(t),$$

d.h. $\boldsymbol{K} = \boldsymbol{K}^*$.

Bemerkung 9.1 Im Falle eines Integraloperators $\boldsymbol{K}$ mit reellwertigem $K(t,\tau)$ besitzt also der adjungierte Operator $\boldsymbol{K}^*$ den Kern

$$K^*(t,\tau) = K^T(t,\tau) = K(\tau,t).$$

Falls der Kern $K(t,\tau)$ komplexe Werte annimmt, ist der Kern $K^*(t,\tau)$ des adjungierten Integraloperators $\boldsymbol{K}^*$ durch die Beziehung

$$K^*(t,\tau) = \overline{K(\tau,t)} \tag{9.7}$$

gegeben. Wir können uns davon leicht überzeugen, indem wir den Beweis von Satz 9.2 unter der Voraussetzung wiederholen, daß die Funktion $K(t,\tau)$ komplexe Werte annehmen kann.

Ein komplexwertiger Kern $K(t,\tau)$, der (9.7) erfüllt, heißt *hermitesch*.

9.1 Eigenwerte und Eigenfunktionen selbstadjungierter Integraloperatoren

Zunächst treffen wir die folgende Aussage:

Satz 9.4 *Ein Integraloperator* $\boldsymbol{K} : \boldsymbol{C}L_2([a,b]) \to \boldsymbol{C}L_2([a,b])$ *mit stetigem hermiteschem Kern* $K(t,\tau)$, *der nicht identisch verschwindet, hat mindestens einen von Null verschiedenen Eigenwert.*

Den Beweis kann den Leser z.B. in [MIK] finden.

Die Aussage von Satz 9.4 gilt also insbesondere für Integraloperatoren mit symmetrischem Kern, deren Eigenwerte und Eigenelemente, die nun *Eigenfunktionen* genannt werden, wir jetzt untersuchen werden. Falls Integralkerne komplexwertig sein dürfen, werden wir ähnlich wie im vorangehenden Abschnitt auf damit verbundene, eventuelle Änderungen gezielt hinweisen.

Im folgenden werden wir immer annehmen, daß Eigenfunktionen φ eines Operators $\boldsymbol{K}$ normiert sind, d.h., es gelte

$$\|\varphi\|^2 = \int_a^b |\varphi(t)|^2 \mathrm{d}t = 1.$$

Satz 9.5 *Die Eigenwerte eines Integraloperators* $\boldsymbol{K}$ *mit symmetrischem Kern sind reell.*

Beweis Es sei λ ein beliebiger Eigenwert des Operators $\boldsymbol{K}$ und φ eine zugehörige Eigenfunktion. Dann ist

$$\boldsymbol{K}\,\varphi = \lambda\varphi.$$

Multiplizieren wir beide Seiten dieser Identität skalar mit dem Element $\varphi \in \boldsymbol{C}L_2([a,b])$, so erhalten wir

$$(\boldsymbol{K}\,\varphi, \varphi) = (\lambda\varphi, \varphi) = \lambda(\varphi, \varphi) = \lambda\|\varphi\|^2 = \lambda.$$

Wenn wir die Tatsache ausnützen, daß der Operator $\boldsymbol{K}$ selbstadjungiert ist, erhalten wir

$$(\boldsymbol{K}\,\varphi, \varphi) = (\varphi, \boldsymbol{K}\,\varphi) = (\varphi, \lambda\varphi) = \overline{\lambda}(\varphi, \varphi) = \overline{\lambda}.$$

Es ist also $\lambda = \overline{\lambda}$, und folglich ist λ eine reelle Zahl.

Aus dem Beweis von Satz 9.5 geht hervor, daß seine Behauptung auch dann gilt, wenn $\boldsymbol{K}$ ein Operator mit hermiteschem Kern ist. Satz 9.4 garantiert daher die Existenz eines reellen, von Null verschiedenen Eigenwertes.

Satz 9.6 *Es sei $\boldsymbol{K}$ ein Integraloperator mit symmetrischem Kern und λ ein Eigenwert von $\boldsymbol{K}$. Dann besitzt $\boldsymbol{K}$ zum Eigenwert λ auch eine reellwertige Eigenfunktion.*

Beweis Es sei $\varphi(t) = \alpha(t) + i\beta(t)$ eine beliebige zum Eigenwert λ gehörige Eigenfunktion. Dann gilt

$$\int_a^b K(t,\tau)[\alpha(\tau) + i\beta(\tau)]\mathrm{d}\tau = \lambda[\alpha(t) + i\beta(t)].$$

Da $K(t,\tau)$ und λ reellwertig sind, folgt nun:

$$\int_a^b K(t,\tau)\alpha(\tau)\mathrm{d}\tau = \lambda\alpha(t), \qquad \int_a^b K(t,\tau)\beta(\tau)\mathrm{d}\tau = \lambda\beta(t). \tag{9.8}$$

Da $\varphi(t)$ nicht identisch verschwindet, muß mindestens eine der (reellwertigen!) Funktionen $\alpha(t), \beta(t)$ von der Nullfunktion verschieden sein. Somit ist wegen (9.8) $\alpha(t)$ oder $\beta(t)$ eine reellwertige Eigenfunktion von $\boldsymbol{K}$ zum Eigenwert λ, und damit ist der Satz bewiesen.

Aus den Sätzen 9.5 und 9.6 folgt, daß man einen Operator $\boldsymbol{K}$ mit symmetrischem Kern (der reelle Werte annimmt) auch als Operator von $CL_2([a,b])$ nach $CL_2([a,b])$ betrachten kann, ohne dabei Informationen über Eigenwerte und Eigenfunktionen des Operators $\boldsymbol{K}$ als Operator von $\boldsymbol{C}L_2([a,b])$ nach $\boldsymbol{C}L_2([a,b])$ zu verlieren.

Gleichzeitig ist zu betonen, daß Satz 9.5 für Operatoren $\boldsymbol{K}$ mit hermiteschen Kernen, die i.allg. komplexe Werte annehmen, nicht gilt.

Satz 9.7 *Eigenfunktionen eines selbstadjungierten Operators $\boldsymbol{K}$, die zu verschiedenen Eigenwerten gehören, sind orthogonal.*

Beweis Es seien $\varphi_1(t)$ und $\varphi_2(t)$ zwei Eigenfunktionen mit Eigenwert λ_1 und λ_2, und es sei $\lambda_1 \neq \lambda_2$. Dann gilt

$$\boldsymbol{K}\varphi_1 = \lambda_1\varphi_1, \quad \boldsymbol{K}\varphi_2 = \lambda_2\varphi_2.$$

Wenn wir die erste Identität skalar mit φ_2 und die zweite Identität skalar mit φ_1 multiplizieren, dann bei der zweiten zu konjugiert–komplexen Zahlen übergehen, und wenn wir schließlich beide auf diese Weise gewonnenen Identitäten voneinander subtrahieren, so erhalten wir

$$(\boldsymbol{K}\,\varphi_1,\varphi_2) - \overline{(\boldsymbol{K}\,\varphi_2,\varphi_1)} = \lambda_1(\varphi_1,\varphi_2) - \lambda_2\overline{(\varphi_2,\varphi_1)}.$$

Die linke Seite verschwindet, da der Operator $\boldsymbol{K}$ selbstadjungiert ist, und folglich gilt

$$(\lambda_1 - \lambda_2)(\varphi_1,\varphi_2) = 0.$$

Wegen $\lambda_1 \neq \lambda_2$ muß also $(\varphi_1,\varphi_2) = 0$ gelten, womit der Satz bewiesen ist.

Satz 9.8 *Es sei $\boldsymbol{K}$ ein Integraloperator mit symmetrischem Kern. Dann liegen in jedem beschränkten, abgeschlossenen Intervall $[A,B]$ höchstens endlich viele charakteristische Werte des Operators $\boldsymbol{K}$.*

Beweis Nehmen wir an, daß die Behauptung nicht gilt. Dann gibt es eine unendliche Folge $\{\mu_i\}_{i=1}^{\infty}$ von charakteristischen Werten des Operators $\boldsymbol{K}$, die alle in $[A,B]$ liegen, $\mu_i \in [A,B]$, $i = 1,2,\ldots$. Es sei nun

$$\varphi_1(t),\varphi_2(t),\ldots,\varphi_n(t),\ldots$$

ein System von Eigenfunktionen mit den Eigenwerten $\lambda_i = \frac{1}{\mu_i}$, $i = 1,2,\ldots$. Wegen Satz 9.6 können wir die Funktionen $\varphi_i(t)$ reellwertig wählen. Aufgrund von Satz 9.7 ist dann $\{\varphi_i(t)\}_{i=1}^{\infty}$ ein ONS im Raum $CL_2([a,b])$. Wir betrachten nun für einen festen Wert $t \in [a,b]$ die Funktion $K(t,\tau)$ der Veränderlichen τ und berechnen ihre Fourier–Koeffizienten bezüglich des ONS $\{\varphi_i(\tau)\}_{i=1}^{\infty}$

$$(K(t,.),\varphi_i) = \int_a^b K(t,\tau)\varphi_i(\tau)\mathrm{d}\tau = (\boldsymbol{K}\,\varphi_i)(t) = \lambda_i\varphi_i(t) = \frac{1}{\mu_i}\varphi_i(t).$$

Nach der B e s s e l s c h e n U n g l e i c h u n g (8.11) gilt für eine beliebige natürliche Zahl p die Beziehung

$$\sum_{i=1}^{p} \frac{1}{\mu_i^2}\varphi_i^2(t) = \sum_{i=1}^{p} \lambda_i^2\varphi_i^2(t) \leq \int_a^b K^2(t,\tau)\mathrm{d}\tau.$$

Wenn wir nun beide Seiten bezüglich t von a bis b integrieren, erhalten wir

$$\sum_{i=1}^{p} \frac{1}{\mu_i^2} \leq \int_a^b \int_a^b K^2(t,\tau)\mathrm{d}\tau\mathrm{d}t := N^2. \tag{9.9}$$

Setzen wir $M = \max\{|A|, |B|,\}$ dann ist $\frac{1}{\mu_i^2} \geq \frac{1}{M^2}$, und aus (9.9) folgt dann, daß für eine *beliebige* natürliche Zahl p die Beziehung

$$p \leq N^2 M^2$$

gilt. Dies ist aber nicht möglich, denn M und N sind feste Zahlen. Somit ist der Satz bewiesen.

Korollar zu Satz 9.8 *Die Menge aller charakteristischen Werte eines Operators $\boldsymbol{K}$ mit von Null verschiedenem symmetrischem Kern $K(t, \tau)$ ist entweder endlich oder abzählbar. Im zweiten Fall gilt*

$$\lim_{n \to \infty} |\mu_n| = \infty.$$

Der Beweis folgt unmittelbar aus den Sätzen 9.4 und 9.8.

Satz 9.9 *Die Vielfachheit eines beliebigen charakteristischen Wertes des Operators $\boldsymbol{K}$ ist endlich.*

Beweis Nehmen wir an, daß die Behauptung nicht gilt. Dann gibt es eine unendliche Folge

$$\psi_1(t), \psi_2(t), \ldots, \psi_n(t), \ldots \tag{9.10}$$

von linear unabhängigen Eigenfunktionen zu ein und demselben charakteristischen Wert. Mit Hilfe des Gram–Schmidtschen Orthonormalisierungsverfahrens (siehe 8.1) kann man von der Folge (9.10) zu einem ONS

$$\varphi_1(t), \varphi_2(t), \ldots, \varphi_n(t), \ldots \tag{9.11}$$

übergehen. Jede der Funktionen $\varphi_i(t)$ ist dabei eine Linearkombination endlich vieler Elemente der Folge $\{\psi_i(t)\}_{i=1}^{\infty}$. Es sei bemerkt, daß die lineare Hülle des Systems (9.10) mit der linearen Hülle des ONS (9.11) übereinstimmt. Gleichzeitig ist auch jede der Funktionen φ_i eine Eigenfunktion des Operators $\boldsymbol{K}$, die dem charakteristischen Wert μ entspricht. Wenn wir nun wie im Beweis von Satz 9.8 vorgehen, wobei wir $\mu = \mu_i$, $i = 1, 2, \ldots$, und $M = |\mu|$ setzen, erhalten wir ganz analog einen Widerspruch, der dann Satz 9.9 beweist.

Bemerkung 9.2 Es sei s die Vielfachheit des charakteristischen Wertes μ. Dann bilden die linear unabhängigen Funktionen $\varphi_1, \varphi_2, \ldots, \varphi_s$ eine B a s i s im Raum aller Lösungen der Gleichung

$$y = \mu \boldsymbol{K} y.$$

Bemerkung 9.3 Der Integraloperator $\boldsymbol{K}$ kann auch den Eigenwert $\lambda = 0$ besitzen. Beim Übergang zu charakteristischen Werten $\mu = \frac{1}{\lambda}$ geht dann allerdings die Information über diejenigen Eigenfunktionen des Operators $\boldsymbol{K}$ verloren, die dem Eigenwert $\lambda = 0$ entsprechen. Ist z.B. $K(t,\tau) = \cos(t-\tau)$ und $[a,b] = [-\pi,\pi]$, dann sind $\varphi_n(t) = \cos(n+1)t$, $n = 1,2,\ldots$, Eigenfunktionen des Operators

$$(\boldsymbol{K}\,y)(t) = \int_{-\pi}^{\pi} \cos(t-\tau)y(\tau)\mathrm{d}\tau$$

zum Eigenwert $\lambda = 0$.

Beispiel 9.1 Wir betrachten die Integralgleichung

$$y(t) = \mu \int_0^l K(t,\tau)y(\tau)\mathrm{d}\tau, \tag{9.12}$$

deren Kern $K(t,\tau)$ folgendermaßen definiert ist:

$$K(t,\tau) = \begin{cases} \frac{t(l-\tau)}{l}, & 0 \le t \le \tau, \\ \frac{\tau(l-t)}{l}, & \tau \le t \le l. \end{cases}$$

Man bestimme die charakteristischen Werte des Kerns $K(t,\tau)$ und die entsprechenden Eigenfunktionen.

L ö s u n g Offensichtlich gilt $K(t,\tau) = K(\tau,t)$, d.h., der Kern ist symmetrisch. Die Gleichung (9.12) können wir in folgender Form schreiben:

$$y(t) = \frac{\mu}{l}\int_0^t \tau(l-t)y(\tau)\mathrm{d}\tau + \frac{\mu}{l}\int_t^l t(l-\tau)y(\tau)\mathrm{d}\tau. \tag{9.13}$$

Hieraus folgt

$$y(0) = y(l) = 0.$$

Wenn wir Gleichung (9.13) bezüglich t differenzieren, erhalten wir die Beziehung

$$y'(t) = -\frac{\mu}{l}\int_0^t \tau y(\tau)\mathrm{d}\tau + \frac{\mu}{l}\int_t^l (l-\tau)y(\tau)\mathrm{d}\tau.$$

Eine weitere Differentiation liefert

$$y''(t) = -\mu y(t).$$

Damit haben wir die I n t e g r a l g l e i c h u n g (9.12) auf die folgende R a n d w e r t a u f g a b e zurückgeführt:

$$y''(t) + \mu y(t) = 0, \quad y(0) = y(l) = 0. \tag{9.14}$$

Diese Randwertaufgabe ist äquivalent zur Integralgleichung (9.12) bzw. (9.13).
Die nichttrivialen Lösungen der Aufgabe (9.14) haben die Form

$$y_n(t) = \sin\frac{n\pi t}{l}, \quad n = 1, 2, \ldots,$$

mit dem Parameterwert

$$\mu = \mu_n = \frac{n^2\pi^2}{l^2}.$$

Man kann sich leicht überzeugen, daß $\{y_n(t)\}_{n=1}^{\infty}$ ein Orthogonalsystem im Raum $CL_2([0,l])$ darstellt. Gleichzeitig ist

$$\|y_n\|^2 = \int_0^l \sin^2\frac{n\pi t}{l}\mathrm{d}t = \frac{l}{2}.$$

Folglich bilden die Zahlen

$$\mu_1 = \frac{\pi^2}{l^2}, \quad \mu_2 = \frac{4\pi^2}{l^2}, \ldots, \mu_n = \frac{n^2\pi^2}{l^2}, \ldots$$

das System aller charakteristischen Werte des Kerns $K(t,\tau)$, und

$$\varphi_1(t) = \sqrt{\frac{l}{2}}\sin\frac{\pi t}{l}, \varphi_2(t) = \sqrt{\frac{l}{2}}\sin\frac{2\pi t}{l}, \ldots, \varphi_n(t) = \sqrt{\frac{l}{2}}\sin\frac{n\pi t}{2}, \ldots$$

ist das zugehörige ONS aller Eigenfunktionen.

9.2 Aufgaben

Man bestimme die charakteristischen Werte und die entsprechenden Eigenfunktionen der folgenden Kerne $K(t,\tau)$.

9.2.1 $K(t,\tau) = t$ für $0 \le t \le \tau \le 1$; $K(t,\tau) = \tau$ für $0 \le \tau \le t \le 1$.

9.2.2 $K(t,\tau) = t(1-\tau)$ für $0 \le t \le \tau \le 1$; $K(t,\tau) = \tau(1-t)$ für $0 \le \tau \le t \le 1$.

9.2.3 $K(t,\tau) = \frac{a-\tau}{a}t$ für $0 \le t \le \tau \le 1$; $K(t,\tau) = \frac{a-t}{a}\tau$ für $0 \le \tau \le t \le 1$.

9.2.4 $K(t,\tau) = (t+1)\tau$ für $0 \le t \le \tau \le 1$; $K(t,\tau) = t(\tau+1)$ für $0 \le \tau \le t \le 1$.

9.2.5 $K(t,\tau) = (e^t - e^{-t})(e^\tau + e^{2-\tau})$ für $0 \le t \le \tau \le 1$; $K(t,\tau) = (e^t + e^{2-t})(e^\tau - e^{-\tau})$ für $0 \le \tau \le t \le 1$.

9.2.6 $K(t,\tau) = \sin t \sin(1-\tau)$ für $0 \le t \le \tau \le 1$; $K(t,\tau) = \sin(1-t)\sin\tau$ für $0 \le \tau \le t \le 1$.

9.2.7 $K(t,\tau) = \cos t \sin\tau$ für $0 \le t \le \tau \le \pi$; $K(t,\tau) = \cos\tau \sin t$ für $0 \le \tau \le t \le \pi$.

9.2.8 $K(t,\tau) = \sin t \cos\tau$ für $0 \le t \le \tau \le \pi$; $K(t,\tau) = \sin\tau \cos t$ für $0 \le \tau \le t \le \pi$.

10 Bilineare Zerlegung eines symmetrischen Kerns

10.1 Das maximale ONS eines Kerns

Im vorhergehenden Abschnitt wurde gezeigt, daß ein Integraloperator $\boldsymbol{K}$ mit symmetrischem Kern nur reelle Eigenwerte hat und daß man die zugehörigen Eigenfunktionen als reellwertig annehmen kann. Deshalb können wir im weiteren $\boldsymbol{K}$ als Operator von $CL_2([a,b])$ in $CL_2([a,b])$ auffassen.

Die Menge aller charakteristischen Werte eines Operators $\boldsymbol{K}$ mit symmetrischem Kern ordnen wir nach der Größe ihrer Absolutbeträge; d.h., der erste charakteristische Wert ist der Wert mit dem kleinsten Absolutbetrag. Auf diese Weise bekommen wir ein System $\{\mu_i\}$, wobei wir im Falle zweier charakteristischer Werte mit dem gleichen Absolutbetrag, aber mit verschiedenem Vorzeichen, den positiven charakteristischen Wert als ersten einreihen. Im System $\{\mu_i\}$ tritt dabei ein charakteristischer Wert genau so oft auf, wie viel seine Vielfachkeit angibt. (Siehe Abb. 10.1, wo z.B. der charakteristische Wert μ_1 den kleinsten Absolutbetrag und die Vielfachkeit s_1 hat, d.h., wir setzen $\mu_1 = \mu_2 = \cdots = \mu_{s_1}$; der nächstgrößte – dem Absolutbetrag nach – ist μ_{s_1+1}, und da er die Vielfachkeit s_2 hat, setzen wir $\mu_{s_1+1} = \mu_{s_1+2} = \cdots = \mu_{s_1+s_2}$; dann folgt der s_3–fache charakteristische Wert $\mu_{s_1+s_2+1}$ mit $|\mu_1| < |\mu_{s_1+1}| < |\mu_{s_1+s_2+1}|$; usw.) Das auf diese Weise konstruierte System $\{\mu_i\}$ heißt *maximales System charakteristischer Werte des Kerns* $K(t,\tau)$ (bzw. des Operators $\boldsymbol{K}$). Aufgrund der Ergebnisse des vorhergehenden Abschnittes ist das System $\{\mu_i\}$ entweder endlich oder abzählbar.

		0				
μ_{s_1+1}	φ_{s_1+1}		μ_1	φ_1	$\mu_{s_1+s_2+1}$	$\varphi_{s_1+s_2+1}$
μ_{s_1+2}	φ_{s_1+2}		μ_2	φ_2	$\mu_{s_1+s_2+2}$	$\varphi_{s_1+s_2+2}$
$\vdots$	$\vdots$		$\vdots$	$\vdots$	$\vdots$	$\vdots$
$\mu_{s_1+s_2}$	$\varphi_{s_1+s_2}$		μ_{s_1}	φ_{s_1}	$\mu_{s_1+s_2+s_3}$	$\varphi_{s_1+s_2+s_3}$

Abb. 10.1

Jedem charakteristischen Wert μ der Vielfachkeit s können wir genau s orthonormierte und damit linear unabhängige Eigenfunktionen zuordnen (siehe wiederum Abb. 10.1, wo dem s_1–fachen charakteristischen Wert μ_1 die orthonormierten Eigenfunktionen $\varphi_1, \varphi_2, \ldots, \varphi_{s_1}$ zugeordnet sind, d.h., dem Eigenwert μ_j – mit $|\mu_j| = |\mu_1|$ – entsprechen die Eigenfunktionen φ_j, $j = 1, 2, \ldots, s_1$; usw.). Auf die Weise erhalten wir ein ONS $\{\varphi_i\}$ von Eigenfunktionen; es wird *maximales ONS des Kerns* $K(t,\tau)$ (bzw. des *Operators* $\boldsymbol{K}$) genannt.

Für die so konstruierte Folge $\{\mu_i\}$ gilt folgende Aussage:

Satz 10.1 *Ein Integraloperator* $\boldsymbol{K} : CL_2([a,b]) \to CL_2([a,b])$ *mit symmetrischem, nicht identisch verschwindendem Kern* $K(t,\tau) \in C(Q)$ *hat entweder ein endliches oder ein abzählbares maximales System charakteristischer Werte* $\{\mu_i\}$. *Dabei gilt*

$$|\mu_1| \leq |\mu_2| \leq \ldots \tag{10.1}$$

und – falls die Folge $\{\mu_i\}$ *unendlich ist – noch*

$$\lim_{i\to\infty} |\mu_i| = \infty. \tag{10.2}$$

Das Wachstum der Folge $\{|\mu_i|\}$ *ist dabei so groß, daß gilt*

$$\sum_{i=1}^{\infty} \frac{1}{\mu_i^2} < \infty. \tag{10.3}$$

Beweis Der erste Teil von Satz 10.1 folgt direkt aus der Konstruktion der Folge $\{\mu_i\}$. Da die Vielfachkeit jedes charakteristischen Wertes endlich ist, kann nach Satz 9.8 jedes beschränkte Intervall $[A, B]$ nur endlich viele Elemente aus $\{\mu_i\}$ enthalten. Hieraus folgt (10.2) (vgl. auch Korollar zu Satz 9.8). Es sei nun $t = t_0$ mit einem festen $t_0 \in [a, b]$. Für die Fourier–Koeffizienten der Funktion $K(t_0, \tau)$ bezüglich des maximalen ONS $\{\varphi_i(\tau)\}_{i=1}^{\infty}$ gilt dann

$$(K(t_0, .), \varphi_i) = \int_a^b K(t_0, \tau)\varphi_i(\tau)\mathrm{d}\tau = \frac{1}{\mu_i}\varphi_i(t_0),$$

denn φ_i ist die zum charakteristischen Wert μ_i (d.h. zum Eigenwert $\frac{1}{\mu_i}$) gehörige Eigenfunktion. Aufgrund der Besselschen Ungleichung (8.11) gilt dann für eine beliebige natürliche Zahl p

$$\sum_{i=1}^{p} \frac{\varphi_i^2(t_0)}{\mu_i^2} \leq \int_a^b K^2(t_0, \tau)\mathrm{d}\tau.$$

Wenn wir diese Ungleichung bezüglich t_0 von a bis b integrieren und dann den Grenzübergang $p \to \infty$ durchführen, erhalten wir

$$\sum_{i=1}^{\infty} \frac{1}{\mu_i^2} \leq \int_a^b \int_a^b K^2(t,\tau)\mathrm{d}\tau\mathrm{d}t,$$

womit (10.3) bewiesen ist.

Bemerkung 10.1 Aus Satz 9.4 folgt, daß die Menge $\{\mu_i\}$ aller charakteristischen Werte eines Integraloperators $\boldsymbol{K} : CL_2([a,b]) \to CL_2([a,b])$ mit stetigem symmetrischem Kern genau dann leer ist, wenn $K(t,\tau) \equiv 0$ gilt.

Die Menge $\{\mu_i\}$ nennen wir auch *charakteristisches Spektrum* des Kerns $K(t,\tau)$ (bzw. des Operators $\boldsymbol{K}$). Vgl. Def. 8.9.

Satz 10.2 *Ein symmetrischer Kern $K(t,\tau)$, der auf dem Grundquadrat Q stetig ist, hat genau dann ein endliches charakteristisches Spektrum, wenn er ausgeartet ist.*

Beweis Hinlänglichkeit. Da im Falle eines ausgearteten Kerns den charakteristischen Werten des Kerns die charakteristischen Werte einer quadratischen Matrix entsprechen, folgt die Behauptung aus der linearen Algebra.

Notwendigkeit. Es sei $\{\varphi_i\}_{i=1}^N$ ein maximales ONS des Kerns $K(t,\tau)$, und man setze

$$\tilde{K}(t,\tau) = \sum_{i=1}^{N} \frac{\varphi_i(t)\varphi_i(\tau)}{\mu_i}. \tag{10.4}$$

Wir zeigen, daß das charakteristische Spektrum des symmetrischen Kerns $H(t,\tau) = K(t,\tau) - \tilde{K}(t,\tau)$ eine leere Menge ist. Zunächst gilt

$$\int_a^b H(t,\tau)\varphi_k(\tau)\mathrm{d}\tau = \int_a^b K(t,\tau)\varphi_k(\tau)\mathrm{d}\tau - \sum_{i=1}^{N} \frac{\varphi_i(t)}{\mu_i} \int_a^b \varphi_i(\tau)\varphi_k(t)\mathrm{d}\tau$$

$$= \frac{\varphi_k(t)}{\mu_k} - \frac{\varphi_k(t)}{\mu_k} = 0.$$

Ist nun μ ein charakteristischer Wert des Kerns $H(t,\tau)$ und φ eine zugehörige Eigenfunktion, dann folgt also aus der Symmetrie des Kerns $H(t,\tau)$

$$(\varphi,\varphi_k) = \int_a^b \varphi(t)\varphi_k(t)\mathrm{d}t = \mu \int_a^b \varphi(\tau)\left(\int_a^b H(t,\tau)\varphi_k(t)\mathrm{d}t\right)\mathrm{d}\tau = 0,$$

$$k = 1,2,\ldots,N.$$

Somit ist die Eigenfunktion $\varphi(t)$ zu allen Funktionen $\varphi_i(t)$, $i = 1, 2, \ldots, N$, orthogonal. Andererseits gilt

$$\varphi(t) = \mu \int_a^b H(t,\tau)\varphi(\tau)\mathrm{d}\tau = \mu \int_a^b K(t,\tau)\varphi(\tau)\mathrm{d}\tau$$

$$-\sum_{i=1}^{N} \frac{\mu}{\mu_i}\varphi_i(t) \int_a^b \varphi_i(\tau)\varphi(\tau)\mathrm{d}\tau = \mu \int_a^b K(t,\tau)\varphi(\tau)\mathrm{d}\tau,$$

d.h., $\varphi(t)$ ist auch eine Eigenfunktion des Kerns $K(t,\tau)$. Das widerspricht aber der Tatsache, daß $\{\varphi_i\}_{i=1}^{N}$ ein m a x i m a l e s ONS des Kerns $K(t,\tau)$ ist. Nach Bemerkung 10.1 ist also $H(t,\tau) \equiv 0$, d.h. $K(t,\tau) = \tilde{K}(t,\tau)$, und $\tilde{K}(t,\tau)$ ist wegen (10.4) ein ausgearteter Kern.

Im weiteren werden wir uns mit der Frage befassen, ob man die Darstellung des Kerns in der Form (10.4) auch auf den Fall eines n i c h t a u s g e - a r t e t e n K e r n s verallgemeinern kann. Genauer meinen wir damit: Gilt die Formel

$$K(t,\tau) = \sum_{i=1}^{\infty} \frac{\varphi_i(t)\varphi_i(\tau)}{\mu_i}, \tag{10.5}$$

falls $\{\mu_i\}_{i=1}^{\infty}$ ein maximales System charakteristischer Werte und $\{\varphi_i\}_{i=1}^{\infty}$ ein maximales ONS des Kerns $K(t,\tau)$ ist? Es zeigt sich, daß die Gültigkeit der Formel (10.5) davon abhängt, in welchem Sinne man die Konvergenz der Reihe in (10.5) auffaßt. Wir werden zeigen, daß (10.5) gilt, falls wir die Konvergenz im Sinne der L_2–Norm auffassen, d.h. fordern

$$\lim_{n\to\infty} \int_a^b \int_a^b \left[K(t,\tau) - \sum_{i=1}^{n} \frac{\varphi_i(t)\varphi_i(\tau)}{\mu_i}\right]^2 \mathrm{d}\tau \mathrm{d}t = 0.$$

Andererseits braucht die Reihe in (10.5) weder punktweise noch gleichmäßig zu konvergieren. Falls sie jedoch gleichmäßig konvergiert, muß ihre Summe gleich $K(t,\tau)$ sein.

Wir nennen die Reihe

$$\sum_{i=1}^{\infty} \frac{\varphi_i(t)\varphi_i(\tau)}{\mu_i} \tag{10.6}$$

eine *bilineare Reihe des Kerns* $K(t,\tau)$. Die soeben durchgeführten Überlegungen kann man folgendermaßen zusammenfassen:

Satz 10.3 *Konvergiert eine bilineare Reihe* (10.6) *des Kerns* $K(t,\tau)$ *gleichmäßig in* Q, *so gilt* (10.5).

Beweis Setzen wir

$$H(t,\tau) = K(t,\tau) - \sum_{i=1}^{\infty} \frac{\varphi_i(t)\varphi_i(\tau)}{\mu_i},$$

so ist $H(t,\tau)$ stetig und symmetrisch in Q. Nun sei $H(t,\tau) \not\equiv 0$. Nach Satz 9.4 gibt es dann mindestens einen charakteristischen Wert μ des Kerns $H(t,\tau)$ mit der entsprechenden Eigenfunktion $\varphi(t) \not\equiv 0$. Nach Definition von $H(t,\tau)$ gilt

$$\varphi(t) = \mu \int_a^b K(t,\tau)\varphi(\tau)\mathrm{d}\tau - \mu \int_a^b \sum_{i=1}^{\infty} \frac{\varphi_i(t)\varphi_i(\tau)}{\mu_i}\varphi(\tau)\mathrm{d}\tau. \qquad (10.7)$$

Wir multiplizieren diese Beziehung mit $\varphi_k(t)$ und integrieren von a bis b. Nach Vertauschen der Reihenfolge des Summierens und Integrierens, was wegen der gleichmäßigen Konvergenz erlaubt ist, erhalten wir

$$\begin{aligned} \int_a^b \varphi(t)\varphi_k(t)\mathrm{d}t &= \mu \int_a^b \varphi(\tau) \int_a^b K(t,\tau)\varphi_k(t)\mathrm{d}t\mathrm{d}\tau \\ &\quad -\mu \sum_{i=1}^{\infty} \frac{1}{\mu_i} \int_a^b \varphi_i(t)\varphi_k(t)\mathrm{d}t \int_a^b \varphi(\tau)\varphi_i(\tau)\mathrm{d}\tau \qquad (10.8) \\ &= \frac{\mu}{\mu_k} \int_a^b \varphi(\tau)\varphi_k(\tau)\mathrm{d}\tau - \frac{\mu}{\mu_k} \int_a^b \varphi(\tau)\varphi_k(\tau)\mathrm{d}\tau = 0. \end{aligned}$$

Aus (10.7) und (10.8) folgt nun

$$\varphi(t) = \mu \int_a^b K(t,\tau)\varphi(\tau)\mathrm{d}\tau,$$

d.h., μ ist ein charakteristischer Wert des Kerns $K(t,\tau)$, und $\varphi(t)$ ist eine zugehörige Eigenfunktion. Es gilt also $\mu \in \{\mu_i\}_{i=1}^{\infty}$, denn $\{\mu_i\}_{i=1}^{\infty}$ ist das m a x i m a l e System charakteristischer Werte des Kerns $K(t,\tau)$. Mithin existiert ein Index i_0, so daß gilt

$$\mu = \mu_{i_0}.$$

Es sei s die Vielfachheit des charakteristischen Wertes μ_{i_0} und

$$\psi_1, \psi_2, \ldots, \psi_s$$

das System der entsprechenden linear unabhängigen Eigenfunktionen; dies ist ein Teilsystem des maximalen ONS $\{\varphi_i\}_{i=1}^{\infty}$. Dann kann man $\varphi(t)$ in der folgenden Form schreiben:

$$\varphi(t) = c_1\psi_1(t) + c_2\psi_2(t) + \cdots + c_s\psi_s(t) \qquad (10.9)$$

mit geeigneten Konstanten $c_1, c_2, \dots, c_s$. Aus (10.8) folgt $(\varphi, \psi_i) = 0$ für $i = 1, 2, \dots, s$, und nach (10.9) ist $(\varphi, \psi_i) = c_i$, $i = 1, 2, \dots, s$. Deshalb ist $c_i = 0$ für alle $i = 1, 2, \dots, s$, d.h., es ist $\varphi(t) \equiv 0$. Dies widerspricht jedoch der Voraussetzung $\varphi(t) \not\equiv 0$, und folglich muß gelten

$$H(t,\tau) = 0 \quad \text{in} \quad Q.$$

Damit ist der Satz bewiesen.

10.2 Bilineare Zerlegung der iterierten Kerne

Wie schon in 10.1 bemerkt wurde, kann man im allgemeinen Fall eines stetigen symmetrischen Kerns $K(t,\tau)$ weder die gleichmäßige, noch die punktweise Konvergenz der Reihe (10.6) garantieren. Andererseits kann man aber zeigen, daß die entsprechenden bilinearen Reihen der iterierten Kerne $K_n(t,\tau)$, $n \geq 2$, sogar gleichmäßig konvergieren.

Der folgende Hilfssatz zeigt den Zusammenhang des maximalen Systems charakteristischer Werte des Kerns $K(t,\tau)$ mit dem System charakteristischer Werte der iterierten Kerne $K_n(t,\tau)$, $n \geq 2$.

Hilfssatz 10.1 *Es sei* $\{\varphi_i(t)\}_{i=1}^{\infty}$ *und* $\{\mu_i\}_{i=1}^{\infty}$ *das maximale* ONS *der Eigenfunktionen bzw. das maximale System charakteristischer Werte des Kerns* $K(t,\tau)$. *Der* $n-$*te iterierte Kern* $K_n(t,\tau)$, $n \geq 2$, *hat als maximales System charakteristischer Werte das System der* $n-$*ten Potenzen* $\{\mu_i^n\}_{i=1}^{\infty}$ *und als maximales* ONS *von Eigenfunktionen das ursprüngliche System* $\{\varphi_i(t)\}_{i=1}^{\infty}$.

Den Beweis führen wir für $n = 2$ und $n = 4$ durch. Für allgemeine Werte $n \geq 2$ folgt die Behauptung aus dem Hilbert-Schmidtschen Satz 10.6 (vgl. Bemerkung 10.2 und Aufgabe 10.4.3).

Die Definition des zweiten iterierten Kerns besagt

$$K_2(t,\tau) = \int_a^b K(t,\xi)K(\xi,\tau)\mathrm{d}\xi. \tag{10.10}$$

Es sei nun $\varphi_i(t)$ eine zum charakteristischen Wert μ_i des Kerns $K(t,\tau)$ gehörende Eigenfunktion. Dann ist

$$\begin{aligned}\int_a^b K_2(t,\tau)\varphi_i(\tau)\mathrm{d}\tau &= \int_a^b K(t,\xi)\left(\int_a^b K(\xi,\tau)\varphi_i(\tau)\mathrm{d}\tau\right)\mathrm{d}\xi \\ &= \frac{1}{\mu_i}\int_a^b K(t,\xi)\varphi_i(\xi)\mathrm{d}\xi = \frac{1}{\mu_i^2}\varphi_i(t),\end{aligned}$$

und folglich ist $\varphi_i(t)$ eine Eigenfunktion des Kerns $K_2(t,\tau)$ mit charakteristischem Wert μ_i^2. Für den Fall $n = 2$ bleibt noch zu zeigen, daß der Kern $K_2(t,\tau)$ außer μ_i^2, $i = 1, 2, \ldots$, keine anderen charakteristischen Werte hat.

Es sei also ν ein charakteristischer Wert des Kerns $K_2(t,\tau)$ und $\psi(t)$ eine entsprechende Eigenfunktion, d.h., es gelte

$$\psi(t) = \nu \int_a^b K_2(t,\tau)\psi(\tau)\mathrm{d}\tau. \tag{10.11}$$

Wenn wir beide Seiten von (10.11) unter Berücksichtigung von (10.10) mit $\psi(t)$ multiplizieren und dann von a bis b integrieren, erhalten wir das folgende Resultat:

$$\nu = \frac{\int_a^b |\psi(t)|^2 \mathrm{d}t}{\int_a^b \left|\int_a^b K(t,\tau)\psi(\tau)\mathrm{d}\tau\right|^2 \mathrm{d}t} > 0.$$

Wir können also zwei Funktionen ψ_+ und ψ_- definieren:

$$\psi_+(t) = \psi(t) + \sqrt{\nu} \int_a^b K(t,\tau)\psi(\tau)\mathrm{d}\tau,$$

$$\psi_-(t) = \psi(t) - \sqrt{\nu} \int_a^b K(t,\tau)\psi(\tau)\mathrm{d}\tau.$$

Offensichtlich ist

$$\psi_+(t) + \psi_-(t) = 2\psi(t). \tag{10.12}$$

Es sei nun z.B. $\psi_+(t) \equiv 0$ in $[a,b]$. Dann ist $\psi(t)$ eine Eigenfunktion des Kerns $K(t,\tau)$, und $\sqrt{\nu}$ ist der entsprechende charakteristische Wert. Ganz analog stellen wir fest, daß im Falle $\psi_-(t) \equiv 0$ in $[a,b]$ wiederum $\psi(t)$ eine Eigenfunktion des Kerns $K(t,\tau)$ ist, allerdings mit dem charakteristischen Wert $-\sqrt{\nu}$. Man setze nun voraus, daß weder $\psi_+(t)$ noch $\psi_-(t)$ in $[a,b]$ identisch verschwindet, und multipliziere die Gleichungen

$$\psi_\pm(\tau) = \psi(\tau) \pm \sqrt{\nu} \int_a^b K(\tau,\xi)\psi(\xi)\mathrm{d}\xi$$

mit $\pm\sqrt{\nu}K(t,\tau)$. Nach Integration von a bis b erhalten wir unter Ausnutzung der Beziehung (10.11)

$$\begin{aligned}
&\pm\sqrt{\nu}\int_a^b K(t,\tau)\psi_\pm(\tau)\mathrm{d}\tau \\
&= \pm\sqrt{\nu}\int_a^b K(t,\tau)\psi(\tau)\mathrm{d}\tau + \nu\int_a^b \psi(\xi)\left(\int_a^b K(t,\tau)K(\tau,\xi)\mathrm{d}\tau\right)\mathrm{d}\xi \\
&= \nu\int_a^b K_2(t,\xi)\psi(\xi)\mathrm{d}\xi \pm \sqrt{\nu}\int_a^b K(t,\tau)\psi(\tau)\mathrm{d}\tau \\
&= \psi(t) \pm \sqrt{\nu}\int_a^b K(t,\tau)\psi(\tau)\mathrm{d}\tau = \psi_\pm(t).
\end{aligned}$$

Hieraus folgt, daß $\psi_\pm$ Eigenfunktionen des Kerns $K(t,\tau)$ sind, die den charakteristischen Werten $\pm\sqrt{\nu}$ entsprechen. In allen drei Fällen ist also $\pm\sqrt{\nu}$ ein Element des Systems $\{\mu_i\}_{i=1}^\infty$, und folglich ist ν ein Element des Systems $\{\mu_i^2\}_{i=1}^\infty$, und die Eigenfunktion $\psi(t)$ des Kerns $K_2(t,\tau)$ stimmt entweder direkt mit einer der Eigenfunktionen des Kerns $K(t,\tau)$ überein, oder sie ist eine Linearkombination von zwei Eigenfunktionen des Kerns $K(t,\tau)$. Damit ist bewiesen, daß $\{\varphi_i\}_{i=1}^\infty$ ein maximales ONS des Kerns $K_2(t,\tau)$ ist und $\{\mu_i^2\}_{i=1}^\infty$ das maximale System charakteristischer Werte des Kerns $K_2(t,\tau)$.

Der Beweis für $n = 4$ folgt nun unmittelbar aus der Tatsache, daß der vierte iterierte Kern $K_4(t,\tau)$ gleichzeitig der zweite iterierte Kern des Kerns $K_2(t,\tau)$ ist. Es ist nämlich

$$K_4(t,\tau) = \int_a^b K_2(t,\xi)K_2(\xi,\tau)\mathrm{d}\xi,$$

und im ersten Teil des Beweises wurde gezeigt, daß $\{\varphi_i\}_{i=1}^\infty$ und $\{\mu_i^2\}_{i=1}^\infty$ das maximale ONS von Eigenfunktionen und das maximale System charakteristischer Werte des Kerns $K_2(t,\tau)$ darstellen.

Satz 10.4 *Es seien* $\{\varphi_i\}_{i=1}^\infty$ *ein maximales* ONS *von Eigenfunktionen und* $\{\mu_i\}_{i=1}^\infty$ *das maximale System charakteristischer Werte des Kerns* $K(t,\tau)$. *Dann gilt*

$$K_4(t,\tau) = \sum_{i=1}^\infty \frac{\varphi_i(t)\varphi_i(\tau)}{\mu_i^4}, \tag{10.13}$$

und die Reihe in (10.13) *konvergiert gleichmäßig.*

Beweis Aufgrund von Hilfssatz 10.1 ist die Reihe in (10.13) die bilineare Reihe des Kerns $K_4(t,\tau)$. Es genügt also zu zeigen, daß diese Reihe gleichmäßig konvergiert, und dann Satz 10.1 anzuwenden.

Es gilt

$$\frac{\varphi_i(t)}{\mu_i} = \int_a^b K(t,\tau)\varphi_i(\tau)\mathrm{d}\tau.$$

Unter Benutzung der Cauchy–Ungleichung und der Stetigkeit des Kerns $K(t,\tau)$ auf dem (abgeschlossenen) Grundquadrat Q erhalten wir die Abschätzung

$$\frac{|\varphi_i(t)|}{|\mu_i|} \le \int_a^b |K(t,\tau)||\varphi_i(\tau)|\mathrm{d}\tau$$

$$\le \left(\int_a^b |K(t,\tau)|^2\mathrm{d}\tau\right)^{\frac{1}{2}} \left(\int_a^b |\varphi_i(\tau)|^2\mathrm{d}\tau\right)^{\frac{1}{2}} \le \left[\max_Q |K(t,\tau)|^2(b-a)\right]^{\frac{1}{2}} = c, \tag{10.14}$$

wobei die Konstante c nicht von i abhängt. Folglich ist

$$\sum_{i=1}^{\infty} \frac{|\varphi_i(t)||\varphi_i(\tau)|}{\mu_i^4} = \sum_{i=1}^{\infty} \frac{|\varphi_i(t)|}{|\mu_i|}\frac{|\varphi_i(\tau)|}{|\mu_i|}\frac{1}{\mu_i^2} \le c^2 \sum_{i=1}^{\infty} \frac{1}{\mu_i^2}. \tag{10.15}$$

Wegen (10.3) konvergiert also die Reihe (10.13) nach dem Weierstraßschen Kriterium absolut und gleichmäßig. Damit ist der Satz bewiesen.

Die folgende Aussage wird eine wichtige Rolle bei dem Beweis des Hilbert–Schmidtschen Satzes (siehe 10.3) spielen.

Satz 10.5 *Eine Funktion $h \in C([a,b])$ ist genau dann zu allen Funktionen eines maximalen* ONS *des symmetrischen Kerns $K(t,\tau)$ orthogonal, wenn sie zum Kern $K(t,\tau)$ selbst orthogonal ist, d.h. wenn gilt*

$$\int_a^b K(t,\tau)h(\tau)\mathrm{d}\tau \equiv 0.$$

Beweis H i n l ä n g l i c h k e i t . Es sei h orthogonal zu $K(t,\tau)$. Dann ist

$$(h,\varphi_i) = \int_a^b h(t)\varphi_i(t)\mathrm{d}t = \int_a^b h(t)\left(\mu_i \int_a^b K(t,\tau)\varphi_i(\tau)\mathrm{d}\tau\right)\mathrm{d}t$$

$$= \mu_i \int_a^b \varphi_i(\tau)\left(\int_a^b K(t,\tau)h(t)\mathrm{d}t\right)\mathrm{d}\tau = 0$$

(dabei wurde die Symmetrie des Kerns $K(t,\tau)$ ausgenutzt!).

N o t w e n d i g k e i t . Es sei $(h, \varphi_i) = 0$ für $i = 1, 2, \ldots$. Da $\{\varphi_i\}_{i=1}^{\infty}$ ein maximales ONS des Kerns $K_4(t,\tau)$ ist, gilt nach Satz 10.4

$$\int_a^b K_4(t,\tau)h(\tau)\mathrm{d}\tau = \sum_{i=1}^{\infty} \frac{\varphi_i(t)}{\mu_i^4} \int_a^b \varphi_i(\tau)h(\tau)\mathrm{d}\tau = 0 \tag{10.16}$$

(wegen der gleichmäßigen Konvergenz der Reihe (10.13) kann man die Integrations- und Summationsreihenfolge vertauschen). Wenn wir nun (10.16) mit $h(t)$ multiplizieren, von a bis b integrieren und die Formel

$$K_4(t,\tau) = \int_a^b K_2(t,\xi)K_2(\xi,\tau)\mathrm{d}\xi$$

ausnutzen, erhalten wir

$$\begin{aligned}
&\int_a^b \int_a^b K_4(t,\tau)h(t)h(\tau)\mathrm{d}t\mathrm{d}\tau \\
&= \int_a^b \int_a^b \left(\int_a^b K_2(t,\xi)K_2(\xi,\tau)\mathrm{d}\xi\right) h(t)h(\tau)\mathrm{d}t\mathrm{d}\tau \\
&= \int_a^b \left(\int_a^b K_2(t,\xi)h(t)\mathrm{d}t\right)\left(\int_a^b K_2(\xi,\tau)h(\tau)\mathrm{d}\tau\right)\mathrm{d}\xi \\
&= \int_a^b \left(\int_a^b K_2(\xi,\tau)h(\tau)\mathrm{d}\tau\right)^2 \mathrm{d}\xi = 0.
\end{aligned}$$

Folglich ist

$$\int_a^b K_2(t,\tau)h(\tau)\mathrm{d}\tau \equiv 0. \tag{10.17}$$

Wenn wir nun (10.17) mit $h(t)$ multiplizieren und von a bis b integrieren, erhalten wir völlig analog unter Ausnutzung der Formel

$$K_2(t,\tau) = \int_a^b K(t,\xi)K(\xi,\tau)\mathrm{d}\xi$$

die Beziehung

$$\int_a^b \left(\int_a^b K(\xi,\tau)h(\tau)\mathrm{d}\tau\right)^2 \mathrm{d}\xi = 0,$$

d.h., es gilt

$$\int_a^b K(\xi,\tau)h(\tau)\mathrm{d}\tau \equiv 0,$$

was zu beweisen war.

10.3 Der Satz von Hilbert–Schmidt und seine Folgerungen

Wir werden nun einen der grundlegenden Sätze der Theorie der Integralgleichungen beweisen.

Satz 10.6 (Hilbert–Schmidt) *Es sei $K(t,\tau)$ ein stetiger symmetrischer Kern auf Q und $\{\varphi_i\}_{i=1}^{\infty}$ ein maximales* ONS *seiner Eigenfunktionen. Es sei $g = g(t)$ eine stetige Funktion in $[a,b]$ und $f = f(t)$ die Funktion*

$$f(t) = \int_a^b K(t,\tau)g(\tau)\mathrm{d}\tau. \tag{10.18}$$

Dann läßt sich $f(t)$ in eine Fourier–Reihe bezüglich des ONS *$\{\varphi_i\}_{i=1}^{\infty}$ entwickeln:*

$$f(t) = \sum_{i=1}^{\infty} f_i\varphi_i(t). \tag{10.19}$$

Diese Reihe konvergiert im Intervall $[a,b]$ absolut und gleichmäßig.

Bemerkung 10.2 Unter der Annahme, d a ß d i e b i l i n e a r e R e i h e d e s K e r n s $K(t,\tau)$ g l e i c h m ä ß i g k o n v e r g i e r t, läßt sich Satz 10.6 äußerst einfach beweisen. In diesem Fall kann man nämlich die Integrations– und Summationsreihenfolge vertauschen und hat dann

$$f(t) = \int_a^b K(t,\tau)g(\tau)\mathrm{d}\tau = \int_a^b \sum_{i=1}^{\infty} \frac{\varphi_i(t)\varphi_i(\tau)}{\mu_i} g(\tau)\mathrm{d}\tau$$

$$= \sum_{i=1}^{\infty} \frac{\varphi_i(t)}{\mu_i} \int_a^b g(\tau)\varphi_i(\tau)\mathrm{d}\tau = \sum_{i=1}^{\infty} \frac{g_i}{\mu_i}\varphi_i(t),$$

d.h., es ist $f_i = \frac{g_i}{\mu_i}$.

Da aber im allgemeinen Fall die bilineare Reihe des Kerns $K(t,\tau)$ nicht gleichmäßig konvergieren muß, ist der soeben angeführte Beweis n i c h t s t i c h h a l t i g.

Beweis von Satz 10.6. Es sei zunächst voraus gesetzt, daß (10.19) gilt. Dann ist

$$f_i = (f,\varphi_i) = \int_a^b \left(\int_a^b K(t,\tau)g(\tau)\mathrm{d}\tau\right)\varphi_i(t)\mathrm{d}t$$

$$= \int_a^b g(\tau)\left(\int_a^b K(t,\tau)\varphi_i(t)\mathrm{d}t\right)\mathrm{d}\tau = \frac{1}{\mu_i}\int_a^b g(\tau)\varphi_i(\tau)\mathrm{d}\tau = \frac{g_i}{\mu_i}.$$

Wir beweisen nun die gleichmäßige Konvergenz der Reihe

$$\sum_{i=1}^{\infty} f_i \varphi_i(t). \tag{10.20}$$

Zunächst haben wir

$$\left| \sum_{i=m}^{m+p} g_i \frac{\varphi_i(t)}{\mu_i} \right| \le \left(\sum_{i=m}^{m+p} g_i^2 \right)^{\frac{1}{2}} \left(\sum_{i=m}^{m+p} \frac{\varphi_i^2(t)}{\mu_i^2} \right)^{\frac{1}{2}} \le \left(\sum_{i=1}^{\infty} \frac{\varphi_i^2(t)}{\mu_i^2} \right)^{\frac{1}{2}} \left(\sum_{i=m}^{m+p} g_i^2 \right)^{\frac{1}{2}}.$$

Das Glied $\left(\sum\limits_{i=1}^{\infty} \frac{\varphi_i^2(t)}{\mu_i^2} \right)^{\frac{1}{2}}$ ist beschränkt, denn aufgrund der Besselschen Ungleichung (8.11) gilt

$$\sum_{i=1}^{\infty} \frac{\varphi_i^2(t)}{\mu_i^2} \le \int_a^b K^2(t,\tau)\mathrm{d}\tau \le \max_{(t,\tau)\in Q} K^2(t,\tau)(b-a).$$

Aus der Besselschen Ungleichung für die Fourier-Koeffizienten g_i folgt dann, daß das Glied $\left(\sum\limits_{i=m}^{m+p} g_i^2 \right)^{\frac{1}{2}}$ beliebig klein sein kann, wenn m genügend groß ist. Deshalb können wir zu jedem $\varepsilon > 0$ ein $m_0 \in \mathbb{N}$ finden, so daß für alle $m > m_0$ und alle $p \ge 1$ gilt

$$\left| \sum_{i=m}^{m+p} g_i \frac{\varphi_i(t)}{\mu_i} \right| < \varepsilon.$$

Hieraus folgt die gleichmäßige Konvergenz der Reihe (10.20). Auf die gleiche Weise können wir auch die gleichmäßige Konvergenz der Reihe

$$\sum_{i=1}^{\infty} |f_i \varphi_i(t)|$$

beweisen, womit auch die absolute Konvergenz der Reihe (10.20) bewiesen ist.

Wir zeigen nun, daß die Summe der Reihe in (10.20) gleich $f(t)$ ist. Dazu setzen wir

$$h(t) = f(t) - \sum_{i=1}^{\infty} f_i \varphi_i(t). \tag{10.21}$$

Wegen der gleichmäßigen Konvergenz der Reihe (10.20) gilt

$$\begin{aligned} \int_a^b h(t)\varphi_k(t)\mathrm{d}t &= \int_a^b \left[f(t) - \sum_{i=1}^{\infty} f_i \varphi_i(t) \right] \varphi_k(t)\mathrm{d}t \\ &= \int_a^b f(t)\varphi_k(t)\mathrm{d}t - \sum_{i=1}^{\infty} f_i \int_a^b \varphi_i(t)\varphi_k(t)\mathrm{d}t = 0, \end{aligned}$$

denn es ist $(\varphi_i, \varphi_k) = 0$ für $i \neq k$ und $(\varphi_k, \varphi_k) = 1$. Also gilt

$$(h, \varphi_k) = 0, \qquad k = 1, 2, \ldots. \tag{10.22}$$

Mit Satz 10.5 folgt dann aus (10.22)

$$\int_a^b K(t,\tau)h(\tau)\mathrm{d}\tau = 0. \tag{10.23}$$

Nun multiplizieren wir die Identität (10.21) mit $h(t)$, integrieren von a bis b und benutzen die Beziehungen (10.18), (10.22) und (10.23). Wir erhalten dann

$$\int_a^b h^2(t)\mathrm{d}t = \int_a^b f(t)h(t)\mathrm{d}t - \sum_{i=1}^{\infty} f_i \int_a^b h(t)\varphi_i(t)\mathrm{d}t = \int_a^b h(t)f(t)\mathrm{d}t$$
$$= \int_a^b h(t)\left(\int_a^b K(t,\tau)g(\tau)\mathrm{d}\tau\right)\mathrm{d}t = \int_a^b g(\tau)\left(\int_a^b K(t,\tau)h(t)\mathrm{d}t\right)\mathrm{d}\tau = 0.$$

Es folgt $h(t) \equiv 0$ in $[a,b]$, d.h., die Reihe in (10.20) konvergiert gegen die Funktion $f(t)$. Damit ist Satz 10.6 bewiesen.

Bemerkung 10.3 Der soeben durchgeführte Beweis bleibt auch dann gültig, wenn die Funktion $g = g(t)$ im Intervall $[a,b]$ nur stückweise stetig ist.

Wir werden nun zeigen, daß die bilineare Reihe des Kerns $K_2(t,\tau)$ gleichmäßig in Q konvergiert und daß die bilineare Reihe des Kerns $K(t,\tau)$ in der L_2–Norm auf Q konvergiert. Dazu benötigen wir den folgenden Hilfssatz, dessen Beweis man z.B. in [HE2, S. 578] finden kann.

Hilfssatz 10.2 (Dini) *Es sei*

$$\sum_{i=1}^{\infty} u_i(t) \tag{10.24}$$

eine Reihe stetiger und nichtnegativer Funktionen auf dem Intervall $[a,b]$, *welche gegen eine Funktion* $U(t) \in C([a,b])$ *konvergiert. Dann konvergiert diese Reihe auch gleichmäßig.*

Satz 10.7 *Die bilineare Reihe des zweiten iterierten Kerns* $K_2(t,\tau)$ *konvergiert gleichmäßig in* Q.

Beweis Laut Definition ist

$$K_2(t,\tau) = \int_a^b K(t,\xi)K(\xi,\tau)\mathrm{d}\xi.$$

Für ein festes $\tau = \tau_0$ liegt die Funktion $K_2(t,\tau_0)$ einer Veränderlichen t im Wertebereich des Integraloperators $\boldsymbol{K}$ mit dem Kern $K(t,\xi)$ und ist das Bild der Funktion $K(\xi,\tau_0) \in C([a,b])$. Nach dem Hilbert–Schmidtschen Satz 10.6 ist also

$$K_2(t,\tau_0) = \sum_{k=1}^{\infty} c_k\varphi_k(t) \tag{10.25}$$

mit

$$c_k = \int_a^b K_2(t,\tau_0)\varphi_k(t)\mathrm{d}t = \frac{\varphi_k(\tau_0)}{\mu_k^2},$$

wobei die Reihe in (10.25) absolut und gleichmäßig konvergiert. Setzen wir c_k in (10.25) ein, so erhalten wir

$$K_2(t,\tau) = \sum_{k=1}^{\infty} \frac{\varphi_k(t)\varphi_k(\tau)}{\mu_k^2}. \tag{10.26}$$

Diese Reihe konvergiert absolut und gleichmäßig in $t \in [a,b]$ für jedes feste τ. Da sie jedoch symmetrisch ist, konvergiert sie auch absolut und gleichmäßig in $\tau \in [a,b]$ für jedes feste t. Für $t = \tau$ ist insbesondere

$$K_2(t,t) = \sum_{k=1}^{\infty} \frac{\varphi_k^2(t)}{\mu_k^2}. \tag{10.27}$$

Da $K_2(t,t)$ eine im Interval $[a,b]$ stetige Funktion darstellt, konvergiert nach Hilfssatz 10.2 die Reihe (10.27) gleichmäßig in $[a,b]$. Wenn wir nun m genügend groß wählen, erreichen wir, daß der Ausdruck

$$\left(\sum_{k=m}^{m+p} \frac{\varphi_k^2(t)}{\mu_k^2}\right)^{\frac{1}{2}}$$

beliebig klein wird. Nun gilt aber

$$\left|\sum_{k=m}^{m+p} \frac{\varphi_k(t)\varphi_k(\tau)}{\mu_k^2}\right| \le \sum_{k=m}^{m+p} \frac{|\varphi_k(t)\varphi_k(\tau)|}{\mu_k^2} \le \left(\sum_{k=m}^{m+p} \frac{\varphi_k^2(t)}{\mu_k^2}\right)^{\frac{1}{2}} \left(\sum_{k=m}^{m+p} \frac{\varphi_k^2(\tau)}{\mu_k^2}\right)^{\frac{1}{2}},$$

woraus unmittelbar die absolute und gleichmäßige Konvergenz der Reihe (10.26) folgt.

Bemerkung 10.4 Wenn wir die Formel

$$K_n(t,\tau) = \int_a^b K(t,\xi)K_{n-1}(\xi,\tau)\mathrm{d}\xi$$

benutzen, können wir mit Hilfe des Hilbert–Schmidtschen Satzes schrittweise für alle $n \geq 3$ die folgende Zerlegung herleiten:

$$K_n(t,\tau) = \sum_{i=1}^{\infty} \frac{\varphi_i(t)\varphi_i(\tau)}{\mu_i^n}. \tag{10.28}$$

Der Beweis ist ähnlich zum Beweis der Formel (10.26). Die Reihe in (10.28) konvergiert dabei für jedes n absolut und gleichmäßig in $(t,\tau) \in Q$.

Satz 10.8 *Die bilineare Reihe*

$$\sum_{i=1}^{\infty} \frac{\varphi_i(t)\varphi_i(\tau)}{\mu_i}$$

eines stetigen und symmetrischen Kerns $K(t,\tau)$ konvergiert gegen diesen Kern in der L_2–Norm.

Beweis Ist $f \in C([a,b])$ und sind f_i die Fourier–Koeffizienten der Funktion f bezüglich eines maximalen ONS $\{\varphi_i\}_{i=1}^{\infty}$ des Kerns $K(t,\tau)$, dann kann man durch direkte Rechnung zeigen, daß

$$\int_a^b \left[f(\tau) - \sum_{i=1}^{n} f_i\varphi_i(\tau)\right]^2 \mathrm{d}\tau = \int_a^b f^2(\tau)\mathrm{d}\tau - \sum_{i=1}^{n} f_i^2 \tag{10.29}$$

gilt. Wählen wir für $f = f(\tau)$ die Funktion $K(t,\tau)$ mit f e s t e m $t \in [a,b]$, dann ist

$$f_i = \frac{\varphi_i(t)}{\mu_i}$$

und

$$\int_a^b \left[K(t,\tau) - \sum_{i=1}^{n} \frac{\varphi_i(t)\varphi_i(\tau)}{\mu_i}\right]^2 \mathrm{d}\tau = \int_a^b K^2(t,\tau)\mathrm{d}\tau - \sum_{i=1}^{n} \frac{\varphi_i^2(t)}{\mu_i^2}$$

$$= \int_a^b K(t,\tau)K(\tau,t)\mathrm{d}\tau - \sum_{i=1}^{n} \frac{\varphi_i^2(t)}{\mu_i^2} = K_2(t,t) - \sum_{i=1}^{n} \frac{\varphi_i^2(t)}{\mu_i^2}.$$

Wegen Satz 10.7 gilt also

$$\lim_{n\to\infty}\int_a^b\left[K(t,\tau)-\sum_{i=1}^{n}\frac{\varphi_i(t)\varphi_i(\tau)}{\mu_i}\right]^2 d\tau = 0$$

gleichmäßig in $t \in [a,b]$. Dann gilt aber auch

$$\lim_{n\to\infty}\int_a^b\int_a^b\left[K(t,\tau)-\sum_{i=1}^{n}\frac{\varphi_i(t)\varphi_i(\tau)}{\mu_i}\right]^2 d\tau dt = 0,$$

was zu beweisen war.

Beispiel 10.1 Wir betrachten der Kern

$$K(t,\tau)=\begin{cases}\frac{t(l-\tau)}{l}, & 0\le t\le\tau,\\ \frac{\tau(l-t)}{l}, & \tau\le t\le l.\end{cases} \tag{10.30}$$

In 9.3 haben wir das maximale ONS dieses Kerns und das System der entsprechenden charakteristischen Werte berechnet. Aufgrund dieses Ergebnisses können wir die bilineare Reihe des Kerns (10.30) in der folgenden Form schreiben:

$$\frac{2l}{\pi^2}\sum_{j=1}^{\infty}\frac{\sin\frac{j\pi t}{l}\sin\frac{j\pi\tau}{l}}{j^2}. \tag{10.31}$$

Diese Reihe konvergiert gegen die Funktion $K(t,\tau)$ absolut und gleichmäßig im Grundquadrat $[0,l]\times[0,l]$. Dies folgt aus dem Weierstraßschen Kriterium, denn die Reihe

$$\frac{2l}{\pi^2}\sum_{j=1}^{\infty}\frac{1}{j^2}$$

ist eine konvergente Majorante der Reihe (10.31).

10.4 Aufgaben

10.4.1 Man beweise, daß die Fourier-Reihe (10.19) gegen die Funktion $f(t)$ in der L_2-Norm konvergiert.

10.4.2 Man beweise ausführlich, daß gilt:

$$K_3(t,\tau) = \sum_{i=1}^{\infty} \frac{\varphi_i(t)\varphi_i(\tau)}{\mu_i^3},$$

wobei die Reihe absolut und gleichmäßig in Q konvergiert.

10.4.3 Es sei $\{\mu_i\}_{i=1}^{\infty}$ das maximale System charakteristischer Werte des Kerns $K(t,\tau)$. Man zeige, daß dann $\{\mu_i^n\}_{i=1}^{\infty}$ das maximale System charakteristischer Werte des iterierten Kerns $K_n(t,\tau)$ für ein beliebiges $n \geq 2$ ist.

11 Lösbarkeit von Gleichungen mit symmetrischem Kern

11.1 Die eindeutige Lösbarkeit

Wir werden uns nun mit der Frage befassen, wie man die Lösung der Fredholmschen Integralgleichung zweiter Art mit symmetrischem Kern

$$y(t) = \mu \int_a^b K(t,\tau)y(\tau)\mathrm{d}\tau + f(t) \tag{11.1}$$

oder kurz

$$y = \mu \boldsymbol{K} y + f$$

bestimmen kann. Falls wir das maximale System charakteristischer Werte und ein maximales ONS der Eigenfunktionen des Kerns $K(t,\tau)$ kennen, können wir einige Ergebnisse aus den Abschnitten 4 und 7 ergänzen.

Im weiteren wird also $\{\mu_i\}_{i=1}^{\infty}$ das maximale System charakteristischer Werte und $\{\varphi_i\}_{i=1}^{\infty}$ ein maximales ONS der Kerns $K(t,\tau)$ bezeichnen.

Satz 11.1 *Es sei μ kein charakteristischer Wert des Kerns $K(t,\tau)$, und es sei $f \in C([a,b])$. Dann hat die Integralgleichung (11.1) genau eine Lösung $Y(t)$. Sie läßt sich in der folgenden Form angeben:*

$$Y(t) = f(t) + \mu \sum_{i=1}^{\infty} \frac{f_i}{\mu_i - \mu}\varphi_i(t), \tag{11.2}$$

wobei f_i die Fourier–Koeffizienten der Funktion f bezüglich des ONS $\{\varphi_i\}_{i=1}^{\infty}$ sind. Die Reihe in (11.2) konvergiert absolut und gleichmäßig in $[a,b]$.

Beweis Wir setzen zunächst voraus, daß $Y(t)$ eine in $[a,b]$ stetige Funktion ist, welche die Gleichung (11.1) löst. Setzen wir

$$h(t) = \int_a^b K(t,\tau)Y(\tau)\mathrm{d}\tau,$$

so können wir unter Verwendung von (11.1)

$$Y(t) = f(t) + \mu h(t) \tag{11.3}$$

schreiben. Nach dem Hilbert–Schmidtschen Satz gilt

$$h(t) = \sum_{i=1}^{\infty} h_i\varphi_i(t), \tag{11.4}$$

wobei h_i die Fourier–Koeffizienten der Funktion h bezüglich des ONS $\{\varphi_i\}_{i=1}^{\infty}$ sind und die Reihe in (11.4) absolut und gleichmäßig in $[a,b]$ konvergiert. Wenn wir (11.4) in (11.3) einsetzen, erhalten wir

$$Y(t) = f(t) + \mu \sum_{i=1}^{\infty} h_i \varphi_i(t).$$

Setzen wir diese Form der Lösung in Gleichung (11.1) ein, so ergibt sich

$$f(t) + \mu \sum_{i=1}^{\infty} h_i \varphi_i(t) = f(t) + \mu \int_a^b K(t,\tau) \left[f(\tau) + \mu \sum_{i=1}^{\infty} h_i \varphi_i(\tau) \right] \mathrm{d}\tau,$$

und folglich

$$\sum_{i=1}^{\infty} h_i \varphi_i(t) = \int_a^b K(t,\tau) f(\tau) \mathrm{d}\tau + \mu \sum_{i=1}^{\infty} h_i \int_a^b K(t,\tau) \varphi_i(\tau) \mathrm{d}\tau. \tag{11.5}$$

Nach dem Hilbert–Schmidtschen Satz ist

$$\int_a^b K(t,\tau) f(\tau) \mathrm{d}\tau = \sum_{i=1}^{\infty} \frac{f_i}{\mu_i} \varphi_i(t),$$

und aus den Eigenschaften der Systeme $\{\mu_i\}_{i=1}^{\infty}$ und $\{\varphi_i\}_{i=1}^{\infty}$ folgt

$$\int_a^b K(t,\tau) \varphi_i(\tau) \mathrm{d}\tau = \frac{1}{\mu_i} \varphi_i(t).$$

Nach Einsetzen in (11.5) haben wir schließlich

$$\sum_{i=1}^{\infty} h_i \varphi_i(t) = \sum_{i=1}^{\infty} \frac{f_i}{\mu_i} \varphi_i(t) + \mu \sum_{i=1}^{\infty} \frac{h_i}{\mu_i} \varphi_i(t).$$

Wenn wir die Koeffizienten bei den Funktionen φ_i auf beiden Seiten vergleichen, erhalten wir

$$h_i = \frac{f_i}{\mu_i} + \mu \frac{h_i}{\mu_i},$$

d.h.

$$h_i = \frac{f_i}{\mu_i - \mu}, \quad i = 1, 2, \ldots.$$

Aus (11.3) und (11.4) folgt dann Formel (11.2), d.h., es ist

$$Y(t) = f(t) + \mu \sum_{i=1}^{\infty} \frac{f_i}{\mu_i - \mu} \varphi_i(t).$$

Dabei konvergiert die Reihe in (11.2) absolut und gleichmäßig in $[a, b]$. Durch Einsetzen in (11.1) überzeugen wir uns, daß die durch die Formel (11.2) gegebene Funktion $Y(t)$ tatsächlich eine Lösung der Integralgleichung ist, w.z.b.w.

Bemerkung 11.1 Die Lösungsformel (11.2) für die Lösung der Integralgleichung (11.1) wird *Schmidtsche Formel* genannt.

Beispiel 11.1 Man bestimme die Lösung der Integralgleichung

$$y(t) = \mu \int_0^l K(t, \tau) y(\tau) \mathrm{d}\tau + f(t), \tag{11.6}$$

deren Kern $K(t, \tau)$ in Beispiel 10.1 durch die Formel (10.30) definiert wurde.
L ö s u n g Ist $\mu \neq i^2 \frac{\pi^2}{l^2}$, $i = 1, 2, \ldots$, dann kann man die Lösung der Gleichung (11.6) folgendermaßen ausdrücken:

$$Y(t) = f(t) + \mu l \sqrt{(2l)} \sum_{i=1}^{\infty} \frac{f_i}{i^2 \pi^2 - \mu l^2} \sin \frac{i \pi t}{l},$$

mit

$$f_i = \frac{2}{l} \int_0^l f(t) \sin \frac{i \pi t}{l} \mathrm{d}t, \quad i = 1, 2, \ldots. \tag{11.7}$$

11.2 Der Fall eines charakteristischen Wertes $\mu = \tilde{\mu}$

Satz 11.2 *Es sei $\tilde{\mu}$ ein $\tilde{s}$–facher charakteristischer Wert des Kerns $K(t, \tau)$, und $\psi_1, \psi_2, \ldots, \psi_{\tilde{s}}$ seien die dem charakteristischen Wert $\tilde{\mu}$ entsprechenden Eigenfunktionen. Es sei $f \in C([a, b])$. Die Integralgleichung (11.1) hat genau dann eine Lösung, wenn die Funktion f zu allen Funktionen ψ_i, $i = 1, 2, \ldots, \tilde{s}$, orthogonal ist. In diesem Fall kann man die Lösung der Gleichung (11.1) in der folgenden Form schreiben:*

$$Y(t) = f(t) + \tilde{\mu} \sum_{i=1}^{\infty}{}^{*} \frac{f}{\mu_i - \tilde{\mu}} \varphi_i(t) + \sum_{j=1}^{\tilde{s}} c_j \psi_j(t), \tag{11.8}$$

wobei das Symbol $\sum_{i=1}^{\infty}{}^{*}$ bedeutet, daß die Summe die dem charakteristischen Wert $\tilde{\mu}$ entsprechenden Eigenfunktionen n i c h t e n t h ä l t und $c_1, c_2, \ldots, c_{\tilde{s}}$ beliebige Konstanten sind.

Beweis Die Lösung der Gleichung (11.1) für $\mu = \tilde{\mu}$ suchen wir – ähnlich wie im Beweis von Satz 11.1 – in folgender Form:

$$Y(t) = f(t) + \tilde{\mu} \sum_{i=1}^{\infty} c_i \varphi_i(t)$$

(wobei in der Summe auf der rechten Seite alle Eigenfunktionen auftreten!). Analog wie im erwähnten Beweis erhalten wir die Beziehungen

$$c_i = \frac{f_i}{\mu_i} + \tilde{\mu}\frac{c_i}{\mu_i}, \quad i = 1, 2, \ldots . \tag{11.9}$$

Ist $\mu_j = \tilde{\mu}$, folgt aus (11.9)

$$(f, \psi_j) = f_j = 0, \quad j = 1, 2, \ldots, \tilde{s},$$

wobei die Koeffizienten $c_1, c_2, \ldots, c_{\tilde{s}}$ beliebige reelle Werte annehmen können. Für $\mu_i \neq \tilde{\mu}$ hingegen ist

$$c_i = \frac{f_i}{\mu_i - \tilde{\mu}}.$$

Die Funktion $Y(t)$ hat also die Form (11.8). Setzen wir diese Funktion in die Gleichung (11.1) ein, wobei $\mu = \tilde{\mu}$ ist, überzeugen wir uns unmittelbar davon, daß $Y(t)$ tatsächlich eine Lösung dieser Gleichung darstellt.

Bemerkung 11.2 Die Sätze 11.1 und 11.2 stellen eigentlich die Fredholmsche Alternative für Integraloperatoren mit symmetrischem Kern dar.

11.3 Die Resolvente

Wir werden nun die explizite Form der Resolvente $\Gamma_\mu(t, \tau)$ der Integralgleichung (11.1) mit symmetrischem Kern herleiten, und zwar mit Hilfe der Eigenfunktionen $\{\varphi_i\}_{i=1}^{\infty}$ und der charakteristischen Werte $\{\mu_i\}_{i=1}^{\infty}$. Wenn wir die Identität

$$\frac{\mu}{\mu_i - \mu} = \frac{\mu}{\mu_i} + \frac{\mu^2}{\mu_i(\mu_i - \mu)}$$

ausnützen, können wir die Schmidtsche Formel (11.2) in der Form

$$Y(t) = f(t) + \mu \sum_{i=1}^{\infty} \frac{f_i}{\mu_i}\varphi_i(t) + \mu^2 \sum_{i=1}^{\infty} \frac{f_i}{\mu_i(\mu_i - \mu)}\varphi_i(t) \tag{11.10}$$

schreiben. Da nach dem Hilbert–Schmidtschen Satz

$$\sum_{i=1}^{\infty} \frac{f_i}{\mu_i} \varphi_i(t) = \int_a^b K(t,\tau) f(\tau) \mathrm{d}\tau \tag{11.11}$$

gilt, konvergiert die erste Reihe auf der rechten Seite der Formel (11.10) gleichmäßig. Weiter ist

$$\sum_{i=1}^{\infty} \frac{f_i \varphi_i(t)}{\mu_i(\mu_i - \mu)} = \sum_{i=1}^{\infty} \int_a^b f(\tau) \frac{\varphi_i(\tau)\varphi_i(t)}{\mu_i(\mu_i - \mu)} \mathrm{d}\tau. \tag{11.12}$$

Aufgrund der gleichmäßigen Konvergenz der Reihe (10.29) können wir ähnlich wie im Beweis von Satz 10.7 zeigen, daß für $\mu \neq \mu_k$, $k = 1, 2, \ldots$, die Reihe

$$\sum_{i=1}^{\infty} \frac{\varphi_i(\tau)\varphi_i(t)}{\mu_i(\mu_i - \mu)}$$

gleichmäßig konvergiert. Dabei können wir auf der rechten Seite von (11.12) die Summations- und Integrationsreihenfolge vertauschen. Wenn wir (11.11) und (11.12) in (11.10) einsetzen, erhalten wir

$$Y(t) = \mu \int_a^b \left[K(t,\tau) + \mu \sum_{i=1}^{\infty} \frac{\varphi_i(t)\varphi_i(\tau)}{\mu_i(\mu_i - \mu)} \right] f(\tau) \mathrm{d}\tau + f(t),$$

und hieraus folgt, daß für $\mu \neq \mu_k$, $k = 1, 2, \ldots$, die Resolvente folgende Form

$$\Gamma_\mu(t,\tau) = K(t,\tau) + \mu \sum_{i=1}^{\infty} \frac{\varphi_i(t)\varphi_i(\tau)}{\mu_i(\mu_i - \mu)} \tag{11.13}$$

hat. Falls die bilineare Reihe des Kerns $K(t,\tau)$ gleichmäßig konvergiert, können wir den Ausdruck (11.13) noch vereinfachen:

$$\Gamma_\mu(t,\tau) = \sum_{i=1}^{\infty} \frac{\varphi_i(t)\varphi_i(\tau)}{\mu_i} + \mu \sum_{i=1}^{\infty} \frac{\varphi_i(t)\varphi_i(\tau)}{\mu_i(\mu_i - \mu)} = \sum_{i=1}^{\infty} \frac{\varphi_i(t)\varphi_i(\tau)}{\mu_i - \mu}. \tag{11.14}$$

Da nach Satz 10.8 die bilineare Reihe des Kerns $K(t,\tau)$ in der L_2–Norm konvergiert, gilt die Darstellung der Resolvente in der Form (11.14) für einen beliebigen symmetrischen Kern, falls man die Konvergenz der Reihe auf der rechten Seite der Formel (11.13) in Sinne der L_2–Norm auffaßt.

Beispiel 11.2 Man bestimme die Lösung der Integralgleichung (11.6) mit dem Parameterwert $\mu = \frac{n^2\pi^2}{l^2}$, wobei n eine feste natürliche Zahl ist.
L ö s u n g Aufgrund der gültigen Formel (11.8) kann man die Lösung dieser Gleichung in der Form

$$Y(t) = f(t) + n^2\sqrt{\frac{2}{l}}\sum_{i=1}^{n-1}\frac{f_i}{i^2-n^2}\sin\frac{i\pi t}{l}$$

$$+n^2\sqrt{\frac{2}{l}}\sum_{i=n+1}^{\infty}\frac{f_i}{i^2-n^2}\sin\frac{i\pi t}{l} + c\sqrt{\frac{2}{l}}\sin\frac{n\pi t}{l}$$

angeben, mit einer beliebigen Konstante c. Die Zahlen f_i sind dabei durch die Formeln (11.7) gegeben. (Es muß dabei $f_n = \frac{2}{l}\int_0^l f(t)\sin\frac{n\pi t}{l}\mathrm{d}t = 0$ gelten!)

Da die bilineare Reihe des Kerns (10.30) gleichmäßig konvergiert (s. Beispiel 10.1), erhalten wir mit $\mu \neq \frac{k^2\pi^2}{l^2}$, $k = 1, 2, \ldots$, für die Resolvente den folgenden Ausdruck:

$$\Gamma_\mu(t,\tau) = 2l\sum_{i=1}^{\infty}\frac{\sin\frac{i\pi t}{l}\sin\frac{i\pi\tau}{l}}{i^2\pi^2 - \mu l^2}.$$

11.4 Hermitesche Kerne

Hier machen wir auf einige Besonderheiten aufmerksam, die beim Übergang von s y m m e t r i s c h e n zu h e r m i t e s c h e n Kernen zu beachten sind.

Wir setzen voraus, daß der Kern $K(t,\tau)$ stetig und hermitesch ist, d.h., es gelte

$$K(t,\tau) = \overline{K(\tau,t)}.$$

Die durch die Formel

$$(\boldsymbol{K}\,y)(t) = \int_a^b K(t,\tau)y(\tau)\mathrm{d}\tau$$

definierte Abbildung $\boldsymbol{K} : \boldsymbol{CL}_2([a,b]) \to \boldsymbol{CL}_2([a,b])$ ist dann ein selbstadjungierter beschränkter Operator. Wie in 9.2 gezeigt wurde, hat der Operator $\boldsymbol{K}$ nur reelle charakteristische Werte (die entsprechenden Eigenfunktionen können jedoch i.allg. komplexwertig sein). Dabei sind Eigenfunktionen φ_i, φ_j des Operators $\boldsymbol{K}$, die verschiedenen Eigenwerten λ_i, λ_j entsprechen, orthogonal:

$$(\varphi_i, \varphi_j) := \int_a^b \varphi_i(t)\overline{\varphi_j(t)}\mathrm{d}t = 0$$

(siehe Satz 9.7).

Weiter kann man zeigen, daß jeder charakteristische Wert des Operators $\boldsymbol{K}$ von endlicher Vielfachheit ist, und ähnlich wie im Falle eines symmetrischen Kerns kann man ein maximales System $\{\mu_i\}_{i=1}^{\infty}$ charakteristischer Werte des hermiteschen Kerns $K(t,\tau)$ bilden, für das gilt:

$$|\mu_1| \leq |\mu_2| \leq \ldots; \quad \lim_{i\to\infty} |\mu_i| = \infty.$$

Diesem System entspricht ein maximales ONS $\{\varphi_i\}_{i=1}^{\infty}$ von Eigenfunktionen des Kerns $K(t,\tau)$.

Die bilineare Reihe des hermiteschen Kerns $K(t,\tau)$ hat die Form

$$\sum_{i=1}^{\infty} \frac{\varphi_i(t)\overline{\varphi_i(\tau)}}{\mu_i},$$

und den Hilbert–Schmidtschen Satz können wir folgendermaßen formulieren:

Es sei $g \in \boldsymbol{CL}_2([a,b])$ und

$$f(t) = \int_a^b K(t,\tau)g(\tau)\mathrm{d}\tau.$$

Dann kann man die Funktion $f(t)$ in eine absolut und gleichmäßig konvergente Fourier–Reihe bezüglich des ONS $\{\varphi_i\}_{i=1}^{\infty}$ *entwickeln:*

$$f(t) = \sum_{i=1}^{\infty} f_i\varphi_i(t),$$

mit

$$f_i = (f,\varphi_i) = \int_a^b f(t)\overline{\varphi_i(t)}\mathrm{d}t = \frac{g_i}{\mu_i}.$$

Aufgrund der Rechenregeln für komplexe Zahlen kann nun der Leser leicht die entsprechenden Aussagen aus den Abschnitten 10 und 11 für den Fall eines hermiteschen Kerns umformulieren.

Bemerkung 11.3 In Anwendungen treten oft Integralgleichungen auf, die man auf Gleichungen mit hermiteschem Kern zurückführen kann. Dazu gehört z.B. die Gleichung

$$y(t) = \mu \int_a^b L(t,\tau)p(\tau)y(\tau)\mathrm{d}\tau + f(t), \tag{11.15}$$

wobei $L(t,\tau) = \overline{L(\tau,t)}$ und $p(\tau) \geq 0$ in $[a,b]$ ist. Wenn wir beide Seiten der Gleichung (11.15) mit $\sqrt{p(t)}$ multiplizieren, erhalten wir die Identität

$$\sqrt{p(t)}y(t) = \mu \int_a^b \sqrt{p(t)}L(t,\tau)\sqrt{p(\tau)}\sqrt{p(\tau)}y(\tau)\mathrm{d}\tau + \sqrt{p(t)}f(t).$$

Nun setzen wir

$$\varphi(t) = \sqrt{p(t)}y(t), \quad \tilde{f}(t) = \sqrt{p(t)}f(t) \quad \text{und} \quad K(t,\tau) = \sqrt{p(t)p(\tau)}L(t,\tau).$$

Dann ist $K(t,\tau) = \overline{K(\tau,t)}$, und die Gleichung (11.15) kann in der Form

$$\varphi(t) = \mu \int_a^b K(t,\tau)\varphi(\tau)\mathrm{d}\tau + \tilde{f}(t)$$

geschrieben werden. Dies ist eine Gleichung mit hermiteschem Kern.

11.5 Fredholmsche Alternative für einen stetigen Kern (Beweisprinzip)

Nun wollen wir zeigen, wie man gewisse Ergebnisse, die in Abschnitt 7 für ausgeartete Kerne hergeleitet wurden, auch auf stetige Kerne übertragen kann.

Wir setzen voraus, daß der Kern $K(t,\tau)$ der Integralgleichung (11.1) eine in Q stetige Funktion ist. Nach dem Weierstraßschen Satz kann man dann die Funktion $K(t,\tau)$ beliebig genau durch Polynome in t und τ approximieren. Zu jedem $\varepsilon > 0$ kann man also eine natürliche Zahl $n = n(\varepsilon)$ und zwei Systeme von Polynomen $\{a_k(t)\}_{k=1}^n$, $\{b_k(\tau)\}_{k=1}^n$ so bestimmen, daß gilt

$$K(t,\tau) = \sum_{k=1}^{n} a_k(t)b_k(\tau) + K_\varepsilon(t,\tau), \tag{11.16}$$

wobei

$$\max_{(t,\tau)\in Q} |K_\varepsilon(t,\tau)| < \varepsilon \tag{11.17}$$

ist. Man bezeichne

$$K_d(t,\tau) := \sum_{k=1}^{n} a_k(t)b_k(\tau).$$

Dann kann man die Gleichung (11.1) in der folgenden äquivalenten Form

$$y = \mu \boldsymbol{T} y + \mu \boldsymbol{S} y + f \tag{11.18}$$

schreiben mit

$$(\boldsymbol{T} y)(t) = \int_a^b K_d(t,\tau)y(\tau)\mathrm{d}\tau, \quad (\boldsymbol{S} y)(t) = \int_a^b K_\varepsilon(t,\tau)y(\tau)\mathrm{d}\tau.$$

Wenn wir $\varepsilon > 0$ so wählen, daß $\varepsilon < \frac{1}{\mu(b-a)}$ gilt, dann hat nach 4.1 die Gleichung

$$\psi = \mu \boldsymbol{S} \psi + g \tag{11.19}$$

für eine beliebige Funktion $g \in C([a,b])$ genau eine Lösung $\psi \in C([a,b])$. Die Lösung schreiben wir in der Form

$$\psi(t) = g(t) + \mu \int_a^b R_\varepsilon(t,\tau;\mu) g(\tau) \mathrm{d}\tau, \tag{11.20}$$

wobei $R_\varepsilon(t,\tau;\mu)$ die Resolvente des Kerns $K_\varepsilon(t,\tau)$ ist. Setzen wir

$$g = \mu \boldsymbol{T} \psi + f,$$

dann ist Gleichung (11.19) mit Gleichung (11.18) äquivalent. Mit Hilfe von Formel (11.20) schreiben wir Gleichung (11.18) in der Form

$$y(t) = \mu \int_a^b K_d(t,\tau) y(\tau) \mathrm{d}\tau + f(t) + \mu^2 \int_a^b \int_a^b R_\varepsilon(t,\tau;\mu) K_d(\tau,s) y(s) \mathrm{d}\tau ds$$
$$+ \mu \int_a^b R_\varepsilon(t,\tau;\mu) f(\tau) \mathrm{d}\tau,$$

und nach einigen Umformungen erhalten wir

$$\begin{aligned} y(t) &= f(t) + \mu \int_a^b R_\varepsilon(t,\tau;\mu) f(\tau) \mathrm{d}\tau \\ &+ \mu \int_a^b \left[K_d(t,s) + \mu \int_a^b R_\varepsilon(t,\tau;\mu) K_d(\tau,s) \mathrm{d}\tau \right] y(s) \mathrm{d}s. \end{aligned} \tag{11.21}$$

Die ersten zwei Summanden auf der rechten Seite in (11.21) sind bekannte Funktionen, und da weiter

$$\int_a^b R_\varepsilon(t,\tau;\mu) K_d(\tau,s) \mathrm{d}\tau = \int_a^b R_\varepsilon(t,\tau;\mu) \sum_{k=1}^n a_k(\tau) b_k(s) \mathrm{d}\tau$$
$$= \sum_{k=1}^n b_k(s) \int_a^b R_\varepsilon(t,\tau;\mu) a_k(\tau) \mathrm{d}\tau = \sum_{k=1}^n A_k(t;\mu) b_k(s)$$

gilt, ist der Kern der Integralgleichung (11.21) für jedes feste μ ausgeartet.

Wir haben also gezeigt, daß man die Integralgleichung (11.1) mit stetigem Kern auf die äquivalente Integralgleichung (11.21) mit ausgeartetem Kern zurückführen kann. Deshalb können wir schon bekannte Ergebnisse für ausgeartete Kerne ausnutzen und die Fredholmsche Alternative (siehe 7.4) für einen beliebigen stetigen Kern beweisen.

11.6 Aufgaben

11.6.1 Man überprüfe durch ausführliche Rechnungen, daß die Funktion $Y(t)$ aus (11.2) tatsächlich die Integralgleichung (11.1) löst und daß die Funktion $Y(t)$ aus (11.8) diese Gleichung für $\mu = \tilde{\mu}$ erfüllt!

11.6.2 Es sei $K_2(t,\tau)$ der zweite iterierte Kern des hermiteschen stetigen Kerns $K(t,\tau)$. Man zeige, daß gilt:

$$K_2(t,\tau) = \sum_{k=1}^{\infty} \frac{\varphi_k(t)\overline{\varphi_k(\tau)}}{\mu_k^2},$$

wobei $\{\mu_k\}_{k=1}^{\infty}$ und $\{\varphi_k\}_{k=1}^{\infty}$ ein maximales System charakteristischer Werte und ein maximales ONS der Eigenfunktionen des Kerns $K(t,\tau)$ sind, und daß diese Reihe gleichmäßig konvergiert.

11.6.3 Man beweise die komplexe Analogie von Satz 10.8, d.h., man zeige, daß im Sinne der Konvergenz in der Norm des Raumes $CL_2([a,b])$ gilt:

$$K(t,\tau) = \sum_{k=1}^{\infty} \frac{\varphi_k(t)\overline{\varphi_k(\tau)}}{\mu_k}.$$

11.6.4 Man zeige, daß sich die Resolvente der Integralgleichung (11.1) mit hermiteschem Kern $K(t,\tau)$ folgendermaßen ausdrücken läßt:

$$\Gamma_\mu(t,\tau) = K(t,\tau) + \mu \sum_{i=1}^{\infty} \frac{\varphi_i(t)\overline{\varphi_i(\tau)}}{\mu_i(\mu_i - \mu)}.$$

Falls diese Reihe in der L_2-Norm des Raumes $CL_2([a,b])$ konvergiert, zeige man, daß gilt:

$$\Gamma_\mu(t,\tau) = \sum_{i=1}^{\infty} \frac{\varphi_i(t)\overline{\varphi_i(\tau)}}{\mu_i - \mu}.$$

11.6.5 Man finde die Lösung der Integralgleichung

$$y(t) = \mu \int_0^1 K(t,\tau) y(\tau) \mathrm{d}\tau + f(t)$$

mit $f \in C([0,1])$, falls der Kern $K(t,\tau)$ die folgende Form hat:

(a) $K(t,\tau) = t$ für $0 \le t \le \tau \le 1$,
$K(t,\tau) = \tau$ für $0 \le \tau \le t \le 1$.

(b) $K(t,\tau) = \frac{a-\tau}{a} t$ für $0 \le t \le \tau \le 1$
$K(t,\tau) = \frac{a-t}{a} \tau$ für $0 \le \tau \le t \le 1$.

(c) $K(t,\tau) = \sin t \sin(1-\tau)$ für $0 \le t \le \tau \le 1$,
$K(t,\tau) = \sin(1-t) \sin \tau$ für $0 \le \tau \le t \le 1$.

12 Integralgleichungen erster Art

12.1 Volterrasche Integralgleichungen erster Art

Wir werden uns nun mit der Integralgleichung

$$\int_a^t K(t,\tau)y(\tau)\mathrm{d}\tau = f(t) \tag{12.1}$$

befassen, wobei $K(t,\tau)$ und $f(t)$ vorgegebene, stetige Funktionen sind und die stetige Funktion $y(t)$ zu bestimmen ist. In Abschnitt 4 haben wir mit Hilfe der Methode der schrittweisen Näherungen gezeigt, daß für die eindeutige Lösbarkeit einer Volterraschen Integralgleichung z w e i t e r Art schon die Stetigkeit von $K(t,\tau)$ und $f(t)$ genügt und daß dann ihre Lösung $y(t)$ stetig sein muß. Im Falle einer Volterraschen Integralgleichung e r s t e r Art ist jedoch die Situation v ö l l i g a n d e r s .

Beispiel 12.1 Für $K(t,\tau) \equiv 1$ hat die Gleichung (12.1) die Form

$$\int_a^t y(\tau)\mathrm{d}\tau = f(t). \tag{12.2}$$

Suchen wir die Lösung y dieser Gleichung im Raum $C([a,b])$, so existiert sie nur für g e w i s s e s p e z i e l l e r e c h t e S e i t e n $f \in C([a,b])$. Es folgt nämlich aus (12.2), daß $f'(t)$ stetig in $[a,b]$ sein muß und daß zusätzlich noch $f(a) = 0$ zu gelten hat. Sind diese Bedingungen erfüllt, ist die gesuchte Lösung y gegeben durch

$$y(t) = f'(t).$$

Aufgabe 12.1 Man betrachte die allgemeinere Integralgleichung

$$\int_a^t \frac{(t-\tau)^{n-1}}{(n-1)!} y(\tau)\mathrm{d}\tau = f(t), \quad n \in \mathbb{N}, \tag{12.3}$$

und zeige, daß folgende Bedingungen für ihre Lösbarkeit n o t w e n d i g sind: die Ableitungen $f'(t)$, $f''(t), \ldots, f^{(n-1)}(t), f^{(n)}(t)$ sind stetig, und es gilt

$$f(a) = f'(a) = \cdots = f^{(n-1)}(a) = 0.$$

Man zeige, daß diese Bedingungen auch h i n r e i c h e n d sind und daß die Lösung y der Gleichung (12.3) die folgende Form hat:

$$y(t) = f^{(n)}(t).$$

Beispiel 12.2 (Faltungskern) Ähnlich wie in Abschnitt 5 betrachte man den Fall $K(t,\tau) = k(t-\tau)$, wobei $k = k(s)$ eine stetige Funktion ist. Dann ist die linke Seite der Gleichung (12.1) eine Faltung der Funktionen $k(t)$ und $y(t)$; man kann diese Gleichung in der Form $k * y = f$ schreiben und dann zur Bestimmung von y die Laplace-Transformation benutzen. So hat z.B. für $k(s) = s$ und $f(t) = t^2$ die entsprechende Gleichung (12.1) die Form

$$\int_a^t (t-\tau)y(\tau)\mathrm{d}\tau = t^2, \tag{12.4}$$

und wenn wir zur Laplace–Transformation übergehen, erhalten wir aus (12.4) die Gleichung

$$\frac{1}{p^2}Y(p) = \frac{2}{p^3},$$

d.h., es ist $Y(p) = \frac{2}{p}$ und folglich $y(t) \equiv 2$.

[Gleichung (12.4) ist gleichzeitig auch Gleichung (12.3) für $n = 2$ und $f(t) = t^2$. Die Funktion f hat stetige Ableitungen aller Ordnungen, und es ist $f(0) = f'(0) = 0$. Nach Aufgabe 12.1 hat also die Lösung y die Form $y(t) = f''(t) = 2$.]

Unter gewissen Bedingungen kann man Gleichung (12.1) auf eine Gleichung zweiter Art zurückführen.

Satz 12.1 *Es sei $f \in C([a,b])$, $f' \in C([a,b])$ und $f(a) = 0$. Der Kern $K(t,\tau)$ und seine Ableitung $\frac{\partial K}{\partial t}$ seien stetig im Grundquadrat Q, und es gelte $K(t,t) \neq 0$ für $t \in [a,b]$. Dann hat die Gleichung* (12.1) *genau eine Lösung $y \in C([a,b])$.*

Beweis Die Bedingung $f(a) = 0$ folgt aus (12.1) und ist für die Lösbarkeit der Gleichung (12.1) notwendig. Unter unseren Voraussetzungen kann man die Beziehung (12.1) differenzieren und erhält dann

$$K(t,t)y(t) + \int_a^t \frac{\partial K}{\partial t}(t,\tau)y(\tau)\mathrm{d}\tau = f'(t). \tag{12.5}$$

Wegen $K(t,t) \neq 0$ für $t \in [a,b]$ können wir (12.5) in der äquivalenten Form

$$y(t) + \int_a^t \frac{\frac{\partial K}{\partial t}(t,\tau)}{K(t,t)}y(\tau)\mathrm{d}\tau = \frac{f'(t)}{K(t,t)} \tag{12.6}$$

schreiben. Dies ist eine Volterrasche Integralgleichung zweiter Art, die wegen Satz 4.2 eindeutig lösbar ist. Ihre Lösung $y \in C([a,b])$ ist dann aber gleichzeitig eine Lösung der Gleichung (12.1).

Bemerkung 12.1 (i) Ist $K(t,t)$ für ein $t \in [a,b]$ gleich Null, jedoch nicht identisch, so kann man die Gleichung (12.5) nicht in der Form (12.6) schreiben. Die Gleichung (12.5) ist dann eine Integralgleichung dritter Art, deren Eigenschaften sich wesentlich von den Eigenschaften der Gleichungen zweiter Art unterscheiden.

(ii) Es sei nun $K(t,t) \equiv 0$ in $[a,b]$. Dann ist (12.5) wiederum eine Integralgleichung erster Art:

$$\int_a^t \frac{\partial K}{\partial t}(t,\tau)y(\tau)\mathrm{d}\tau = f'(t). \tag{12.7}$$

Sind die Ableitungen $f''(t)$ und $\frac{\partial^2 K}{\partial t^2}$ stetig und gilt $f'(a) = 0$, erhält man durch Differentiation von (12.7) bezüglich t die Beziehung

$$\frac{\partial K}{\partial t}(t,t)y(t) + \int_a^t \frac{\partial^2 K}{\partial t^2}(t,\tau)y(\tau)\mathrm{d}\tau = f''(t), \tag{12.8}$$

die unter der Voraussetzung $\frac{\partial K}{\partial t}(t,t) \neq 0$ für $t \in [a,b]$ eine mit der Gleichung (12.1) äquivalente Integralgleichung zweiter Art darstellt.

Allgemein kann man zeigen, daß unter den Voraussetzungen

$$f^{(n)} \text{ und } \frac{\partial K^n}{\partial t^n} \text{ stetig in } [a,b] \text{ bzw. in } Q,$$

$$f(a) = f'(a) = \cdots = f^{(n-1)}(a) = 0,$$

$$\frac{\partial^k K}{\partial t^k}(t,t) \equiv 0 \text{ für } k = 1,2,\ldots,n-2, \quad \frac{\partial^{n-1} K}{\partial t^{n-1}}(t,t) \neq 0 \text{ für } t \in [a,b],$$

die Gleichung (12.1) mit der Integralgleichung zweiter Art

$$\frac{\partial^{n-1} K}{\partial t^{n-1}}(t,t)y(t) + \int_a^t \frac{\partial^n K}{\partial t^n}(t,\tau)y(\tau)\mathrm{d}\tau = f^{(n)}(t) \tag{12.9}$$

äquivalent ist. Diese Gleichung hat nun wegen Satz 4.2 genau eine Lösung.

Beispiel 12.3 Man betrachte die Integralgleichung

$$\int_0^t e^{t-\tau}y(\tau)\mathrm{d}\tau = \sin t.$$

Wenn wir beide Seiten dieser Gleichung nach t differenzieren, erhalten wir die folgende Volterrasche Integralgleichung zweiter Art:

$$y(t) = \cos t - \int_0^t e^{t-\tau}y(\tau)\mathrm{d}\tau.$$

12.2 Fredholmsche Integralgleichungen erster Art

Wir werden uns nun mit der Integralgleichung

$$\int_a^b K(t,\tau)y(\tau)\mathrm{d}\tau = f(t) \tag{12.10}$$

befassen, mit vorgegebenen Funktionen $K(t,\tau)$ und $f(t)$ und mit der unbekannten Funktion $y(t)$. Die nächsten zwei Beispiele sollen zeigen, auf welche Schwierigkeiten man bei der Untersuchung der Gleichung (12.10) stoßen kann.

Beispiel 12.4 Man setze voraus, daß der Kern $K(t,\tau)$ die Form

$$K(t,\tau) = a_0(\tau)t^m + a_1(\tau)t^{m-1} + \cdots + a_m(\tau) \tag{12.11}$$

hat mit vorgegebenen Funktionen $a_i(\tau), i = 0, 1, \ldots, m$. Für eine beliebige Funktion $y \in C([a,b])$ hat dann die linke Seite der Gleichung (12.10) die Gestalt

$$b_0t^m + b_1t^{m-1} + \cdots + b_m.$$

Folglich muß die rechte Seite $f(t)$ ein Polynom bzgl. der Veränderlichen t sein, falls die Gleichung (12.10) in $C([a,b])$ eine Lösung haben soll. Aber trotzdem ist auch dann die Existenz einer Lösung nicht garantiert, wie das folgende Beispiel zeigt.

Beispiel 12.5 Die Gleichung

$$\int_0^1 y(\tau)\mathrm{d}\tau = t \tag{12.12}$$

hat einen Kern der Form (12.11), denn es ist $K(t,\tau) \equiv 1$, d.h. $m = 0$ und $a_0(\tau) \equiv 1$, und auch ihre rechte Seite $f(t) = t$ ist ein Polynom. Man sieht jedoch leicht ein, daß diese Gleichung in $C([a,b])$ keine Lösung hat. Es gibt auch keine nur integrierbare Funktion, die die Beziehung (12.12) erfüllen würde.

Bemerkung 12.2 Für gewisse Funktionen $f \in C([a,b])$ braucht also eine Lösung der Gleichung (12.10) nicht zu existieren, auch wenn der Kern $K(t,\tau)$ "bestmöglich" gewählt ist. Weitere Aussagen könnte man gewinnen, wenn man nur (quadratisch) integrierbare Funktion f, y und Kerne K zulassen würde. Das sprengt jedoch den Rahmen dieses Buches.

12.3 Aufgaben

12.3.1 Man zeige ausführlich, daß die Integralgleichung (12.1) mit der Integralgleichung (12.9) äquivalent ist.

12.3.2 Unter der Voraussetzung $K(t,t) \neq 0$ führe man mit Hilfe der partiellen Integration die Gleichung (12.1) in eine Integralgleichung zweiter Art über und vergleiche das Ergebnis mit der Gleichung (12.6).

12.3.3 Man löse die Integralgleichung

$$\int_0^t \cos(t-\tau) y(\tau) \mathrm{d}\tau = \sin t.$$

12.3.4 Man löse die Integralgleichung

$$\int_0^t e^{t-\tau} y(\tau) \mathrm{d}\tau = \sin t.$$

Der Zusammenhang zwischen Integral– und Differentialgleichungen

In Abschnitt 1 wurde aufgezeigt, daß viele Probleme aus der Theorie und Praxis der Differentialgleichungen eng mit Integralgleichungen zusammenhängen oder auf Integralgleichungen führen (siehe Beispiele 1.3, 1.5, 1.6). Schon bei dem elementarsten Anfangswertproblem, dem Cauchy–Problem, wo es um die Bestimmung einer stetig differenzierbaren Funktion $y(t)$ geht, welche die Gleichung

$$y'(t) = f(t, y(t))$$

und die Anfangsbedingung $y(t_0) = y_0$ erfüllt, wird die Äquivalenz dieses Problems mit der (in allgemeinen nichtlinearen) Integralgleichung

$$y(t) = y_0 + \int_{t_0}^{t} f(\tau, y(\tau))\mathrm{d}\tau$$

ausgenützt (siehe z.B. [WEM]). Wir werden in Abschnitt 13 auf eine Randwertaufgabe eingehen.

13 Das Sturm–Liouvillesche Problem

13.1 Eine Randwertaufgabe

Viele konkrete Probleme der Physik und des Ingenieurwesens führen auf die Aufgabe, eine Lösung $y = y(t)$ der Differentialgleichung

$$\boldsymbol{L}\, y :\equiv -(p(t)y')' + q(t)y = f \tag{13.1}$$

zu bestimmen, welche die folgenden homogenen Randbedingungen erfüllt:

$$\begin{aligned} l_1(y) &: \equiv \alpha y(a) + \beta y'(a) = 0, \\ l_2(y) &: \equiv \gamma y(b) + \delta y'(b) = 0. \end{aligned} \tag{13.2}$$

Wir setzen voraus, daß die Funktion $p(t)$ positiv, stetig differenzierbar, und die Funktionen $q(t), f(t)$ stetig in $[a, b]$ sind; α, β, γ und δ sind reelle Konstanten, für die gilt: $|\alpha| + |\beta| > 0$, $|\gamma| + |\delta| > 0$. Die Lösung des Randwertproblems (13.1), (13.2) suchen wir im Raum $C^2([a, b])$.

Bemerkung 13.1 Eine Randwertaufgabe mit inhomogenen Randbedingungen

$$l_1(y) = c_1, \quad l_2(y) = c_2, \quad |c_1| + |c_2| > 0,$$

kann man stets auf ein Randwertproblem mit homogenen Randbedingungen zurückführen.

Wir werden sagen, daß die *Bedingung* (P) erfüllt ist, falls die homogene Aufgabe

$$\boldsymbol{L}\, y = 0, \quad l_1 y = 0, \quad l_2 y = 0$$

nur die triviale Lösung $y(t) \equiv 0$ besitzt.

Es sei nun die Bedingung (P) erfüllt, und $u_i = u_i(t)$, $i = 1, 2$, seien die auf $[a, b]$ definierten Lösungen der folgenden Anfangswertprobleme

$$\boldsymbol{L}\, u_1 = 0, \quad u_1(a) = \beta, \quad u_1'(a) = -\alpha$$

bzw.

$$\boldsymbol{L}\, u_2 = 0, \quad u_2(b) = \delta, \quad u_2'(b) = -\gamma.$$

Es läßt sich leicht zeigen, daß solche Lösungen auch tatsächlich existieren. Da $|\alpha| + |\beta| > 0$, $|\gamma| + |\delta| > 0$ gilt, kann keine der Funktionen u_1, u_2 identisch Null sein, und sie sind linear unabhängig. Dann ist jedoch die Wronski-Determinante der Funktionen u_1, u_2 in $[a, b]$ von Null verschieden, d.h., es gilt

$$W(t) = \begin{vmatrix} u_1(t), & u_2(t) \\ u_1'(t), & u_2'(t) \end{vmatrix} \neq 0 \quad \text{für} \quad t \in [a, b]$$

(siehe [WEM]). Man kann auch zeigen, daß $p(t)W(t) \equiv K$ ist für $t \in [a, b]$ mit einer Konstante $K \neq 0$.

Führen wir nun die Funktion $G(t, \tau)$ durch die Formel

$$G(t, \tau) = \begin{cases} -\frac{u_1(t)u_2(\tau)}{K} & \text{für } a \leq t \leq \tau \leq b, \\ -\frac{u_1(\tau)u_2(t)}{K} & \text{für } a \leq \tau \leq t \leq b \end{cases} \tag{13.3}$$

ein, dann kann man die Lösung der Randwertaufgabe (13.1), (13.2) in der Form

$$y(t) = \int_a^b G(t, \tau) f(\tau) \mathrm{d}\tau \tag{13.4}$$

schreiben. Der Kern $G(t, \tau)$ heißt *Greensche Funktion* der Randwertaufgabe (13.1), (13.2).

Aufgabe 13.1 Man zeige, daß die durch die Formel (13.4) definierte Funktion $y(t)$ mit dem nach (13.3) gegebenen Kern $G(t, \tau)$ zweimal stetig differenzierbar ist und die Randwertaufgabe (13.1), (13.2) löst.

Beispiel 13.1 Man bestimme die Greensche Funktion der Randwertaufgabe

$$-y''(t) = f(t), \quad t \in [0,1]; \quad y(0) = 0, \quad y(1) = 0. \tag{13.5}$$

L ö s u n g Es handelt sich um die Aufgabe (13.1), (13.2) mit $[a, b] = [0, 1]$, $p(t) \equiv 1$, $q(t) \equiv 0$, $\alpha = \gamma = 1$, $\beta = \delta = 0$. Die Aufgabe (13.5) kann man zwar direkt lösen, wir verwenden jedoch bewußt die oben beschriebene Methode. Zunächst lösen wir also die Anfangswertprobleme

$$u_1''(t) = 0, \; u_1(0) = 0, \; u_1'(0) = -1 \;\; \text{und} \;\; u_2''(t) = 0, \; u_2(1) = 0, \; u_2'(1) = -1.$$

Offensichtlich haben die Lösungen die Form

$$u_1(t) = -t, \quad u_2(t) = 1 - t,$$

und laut (13.3) ist nun die Greensche Funktion der Randwertaufgabe (13.5) folgendermaßen bestimmt:

$$G(t,\tau) = \begin{cases} t(1-\tau) & \text{für } 0 \le t \le \tau \le 1, \\ \tau(1-t) & \text{für } 0 \le \tau \le t \le 1. \end{cases}$$

Beispiel 13.2 Man bestimme die Greensche Funktion der Randwertaufgabe

$$\begin{aligned} &-(1+t^2)y'' - 2ty' = f(t), \quad t \in [0,1]; \\ &y(0) - y'(0) = 0, \quad y(1) = 0. \end{aligned} \tag{13.6}$$

L ö s u n g Hier ist $[a, b] = [0, 1]$, $p(t) = 1 + t^2$, $q(t) \equiv 0$, $\alpha = \gamma = 1$, $\beta = -1$, $\delta = 0$. Die homogene Differentialgleichung

$$(1+t^2)y'' + 2ty' = 0$$

hat als Lösung die Funktion

$$u(t) = c \arctan t + d$$

mit beliebigen Konstanten c, d. Die beiden Anfangswertprobleme ergeben als Lösungen

$$u_1(t) = -\arctan t - 1, \quad u_2(t) = \frac{\pi}{4} - \arctan t,$$

und deshalb hat die Greensche Funktion der Aufgabe (13.6) die Form

$$G(t,\tau) = \begin{cases} -\frac{(\arctan t + 1)\left(\frac{\pi}{4} - \arctan \tau\right)}{1+\frac{\pi}{4}}, & 0 \le t \le \tau \le 1, \\ -\frac{(\arctan \tau + 1)\left(\frac{\pi}{4} - \arctan t\right)}{1+\frac{\pi}{4}}, & 0 \le \tau \le t \le 1. \end{cases}$$

Mehr über die Greensche Funktion kann der Leser z.B. in [WEM] finden.

Das Sturm–Liouvillesche Problem ist ein Spezialfall der Randwertaufgabe (13.1), (13.2). Unter den gleichen Voraussetzungen bzgl. der Funktionen p, q und der Parameter $\alpha, \beta, \gamma, \delta$ wie oben geht es um die Bestimmung des Parameters λ und der Funktion $y(t) \not\equiv 0$, so daß gilt:

$$\boldsymbol{L}\, y := -(py')' + qy = \lambda y \text{ in } (a, b), \tag{13.7}$$

$$l_1(y) = l_2(y) = 0. \tag{13.8}$$

Definition 13.1 *Ein Parameter λ, für den eine nichttriviale Lösung $y(t)$ der Randwertaufgabe* (13.7), (13.8) *existiert, heißt* Eigenwert des Sturm-Liouvilleschen Problems, *und die Funktion $y(t)$ heißt eine zum Eigenwert λ gehörige* Eigenfunktion.

Bemerkung 13.2 Bedingung (P) von S. 126 können wir nun so formulieren: *Der Wert $\lambda = 0$ ist kein Eigenwert des Sturm–Liouvilleschen Problems.* In diesem Abschnitt setzen wir stets voraus, daß diese Bedingung erfüllt ist.

13.2 Übergang zur Integralgleichung

Satz 13.1 *Das Sturm–Liouvillesche Problem* (13.7), (13.8) *ist zur Integralgleichung*

$$y(t) = \lambda \int_a^b G(t, \tau) y(\tau) \mathrm{d}\tau \tag{13.9}$$

äquivalent, wobei $G(t, \tau)$ die Greensche Funktion der Randwertaufgabe (13.1), (13.2) *ist.*

Genauer: (i) *Ist λ ein Eigenwert des Sturm–Liouvilleschen Problems* (13.7), (13.8) *und $\varphi(t)$ eine zugehörige Eigenfunktion, dann ist gleichzeitig λ ein charakteristischer Wert der Integralgleichung* (13.9) *mit Eigenfunktion $\varphi(t)$.*

(ii) *Ist λ ein charakteristischer Wert der Integralgleichung* (13.9) *mit Eigenfunktion $\varphi(t)$, dann ist λ ein Eigenwert des Sturm–Liouvilleschen Problems und $\varphi(t)$ eine zugehörige Eigenfunktion.*

Beweis (i) Für λ und $\varphi(t) \not\equiv 0$ gelte

$$-(p\varphi')' + q\varphi = \lambda\varphi, \quad l_1(\varphi) = l_2(\varphi) = 0.$$

Wenn wir dann in Formel (13.4) $f(t) = \lambda\varphi(t)$ setzen, erhalten wir

$$\varphi(t) = \int_a^b G(t,\tau)[\lambda\varphi(\tau)]\mathrm{d}\tau = \lambda \int_a^b G(t,\tau)\varphi(\tau)\mathrm{d}\tau,$$

wobei $G(t,\tau)$ die durch Formel (13.3) gegebene Greensche Funktion ist. Also ist λ ein charakteristischer Wert der Integralgleichung (13.9) und $\varphi(t)$ eine zugehörige Eigenfunktion.

(ii) Man setze nun umgekehrt voraus, daß für λ und $\varphi(t) \not\equiv 0$ gilt:

$$\varphi(t) = \lambda \int_a^b G(t,\tau)\varphi(\tau)\mathrm{d}\tau,$$

wobei der Kern $G(t,\tau)$ durch die Formel (13.3) gegeben ist. Dann ist laut Aufgabe 13.1 die Funktion

$$y(t) = \int_a^b G(t,\tau)[\lambda\varphi(\tau)]\mathrm{d}\tau$$

eine Lösung der Randwertaufgabe

$$\boldsymbol{L}\, y = \lambda\varphi, \quad l_1(y) = l_2(y) = 0. \tag{13.10}$$

Ein Vergleich von (13.10) mit (13.7), (13.8) zeigt, daß $y(t) = \varphi(t)$ sein muß. Folglich ist λ ein Eigenwert des Sturm–Liouvilleschen Problems (13.7), (13.8) und φ eine zugehörige Eigenfunktion.

13.3 Eigenwerte und Eigenfunktionen des Sturm–Liouvilleschen Problems

Wir fassen nun einige Eigenschaften der Eigenwerte und Eigenfunktionen der Randwertaufgabe (13.7), (13.8) zusammen. Wir werden dabei Resultate benutzen, die in den Abschnitten 9 und 10 hergeleitet wurden.

Es sei hervorgehoben, daß die Greensche Funktion $G(t,\tau)$ aus (13.3) einen symmetrischen Kern der Integralgleichung (13.9) darstellt.

Satz 13.2 *Alle Eigenwerte des Sturm–Liouvilleschen Problems sind reell und haben die Vielfachheit* 1.

Zum Beweis siehe Satz 9.5 und Satz 13.1.

Satz 13.3 *Das Sturm–Liouvillesche Problem hat abzählbar–unendlich viele Eigenwerte. Man kann sie so anorden, daß gilt:*

$$0 < |\lambda_1| \le |\lambda_2| \le \cdots \le |\lambda_n| \le \cdots, \quad \lim_{i\to\infty} |\lambda_i| = \infty.$$

Beweis Zunächst zeigen wir, daß der Kern $G(t,\tau)$ nicht ausgeartet ist. Angenommen, der Kern $G(t,\tau)$ sei ausgeartet. Dann gibt es nach Satz 10.2 Zahlen $\lambda_1, \lambda_2, \ldots, \lambda_N$ und Funktionen $\varphi_1(t), \varphi_2(t), \ldots, \varphi_N(t)$, so daß gilt

$$G(t,\tau) = \sum_{i=1}^{N} \frac{\varphi_i(t)\varphi_i(\tau)}{\lambda_i}. \tag{13.11}$$

Aus (13.11) folgt, daß die Funktion $G(t,\tau)$ im Grundquadrat Q zweimal stetig differenzierbar ist. Formel (13.3) jedoch zeigt, daß

$$G'_t(t,\tau)\,\big|_{t=\tau_+} - G'_t(t,\tau)\big|_{t=\tau_-} = -\frac{u_1(t)u'_2(t)}{p(t)W(t)} + \frac{u'_1(t)u_2(t)}{p(t)W(t)} = -\frac{1}{p(t)}$$

gilt, wobei $G'_t(t,\tau)\big|_{t=\tau_\pm}$ die partielle Ableitung der Funktion $G(t,\tau)$ nach t im Punkte $t = \tau$ von rechts bzw. von links bezeichnet. Die Funktion $G(t,\tau)$ hat also im Punkte $t = \tau$ eine u n s t e t i g e partielle Ableitung nach t, was ein Widerspruch ist. Somit kann der Kern $G(t,\tau)$ nicht ausgeartet sein. Die Behauptung von Satz 13.3 folgt nun aus Satz 10.1 und Satz 13.1.

Aus Satz 9.7 folgt auch direkt

Satz 13.4 *Eigenfunktionen des Sturm–Liouvilleschen Problems, die zu verschiedenen Eigenwerten gehören, sind orthogonal.*

Eine Eigenfunktion φ_i zum Eigenwert λ_i, für die $\|\varphi_i\| = 1$ gilt, ist nach Satz 13.2 bis auf das Vorzeichen e i n d e u t i g bestimmt. Wählt man für jedes $i = 1, 2, \ldots$ eine dieser beiden (bis auf das Vorzeichen eindeutig bestimmten) normierten Eigenfunktionen φ_i, dann bildet das System $\{\varphi_i(t)\}_{i=1}^{\infty}$ ein maximales ONS des Kerns $G(t,\tau)$. Der folgende Satz gibt eine Antwort auf die Frage, unter welchen Bedingungen man eine vorgegebene Funktion $F(t)$ auf dem Intervall $[a,b]$ in eine F o u r i e r - R e i h e nach dem ONS $\{\varphi_i(t)\}_{i=1}^{\infty}$ entwickeln kann.

Satz 13.5 (Steklov) *Die Funktion $F(t)$ sei zweimal stetig differenzierbar in $[a, b]$ und genüge den Randbedingungen* (13.2), *d.h., es sei*

$$\begin{aligned} \alpha F(a) + \beta F'(a) &= 0, \\ \gamma F(b) + \delta F'(b) &= 0. \end{aligned} \tag{13.12}$$

Dann gilt

$$F(t) = \sum_{i=1}^{\infty} F_i \varphi_i(t), \quad F_i = (F, \varphi_i), \tag{13.13}$$

wobei die Reihe in (13.13) *absolut und gleichmäßig konvergiert.*

Beweis Da $F(t)$ zweimal stetig differenzierbar ist, ist die Funktion

$$f(t) = -(p(t)F'(t))' + q(t)F(t) \tag{13.14}$$

stetig in $[a, b]$. Die Funktion F können wir also als Lösung des Randwertproblems (13.14), (13.12) auffassen. Wie in 13.1 gezeigt wurde, ist dann

$$F(t) = \int_a^b G(t, \tau) f(\tau) \mathrm{d}\tau,$$

wobei $G(t, \tau)$ die Greensche Funktion ist. Aus dem Hilbert–Schmidtschen Satz folgt nun (13.13), da $\{\varphi_i\}_{i=1}^{\infty}$ ein maximales ONS des Kerns $G(t, \tau)$ bildet. Die Reihe konvergiert dabei in $[a, b]$ absolut und gleichmäßig.

Beispiel 13.3 Man betrachte einen elastischen Stab der Länge l, der durch eine längs der Stabachse wirkende Kraft F belastet wird. Wir setzen voraus, daß die Endpunkte des Stabes (etwa durch Gelenke) festgehalten werden (siehe Abb. 13.1). Die Kraft F werde nun, beginnend mit $F = 0$, kontinuierlich erhöht. Zunächst bleibt der Stab gerade. Erst wenn die Kraft F einen Schwellenwert F_1 erreicht, biegt sich der Stab durch. In diesem Fall sind wir nicht nur an der Biegungslinie $v(t)$ interessiert, sondern auch am kritischen Wert F_1 der Kraft.

Die mathematische Modellierung dieses Problems führt auf die Lösung der Differentialgleichung

$$-v''(t) - \lambda v(t) = 0 \tag{13.15}$$

unter den Randbedingungen

$$v(0) = v(l) = 0, \tag{13.16}$$

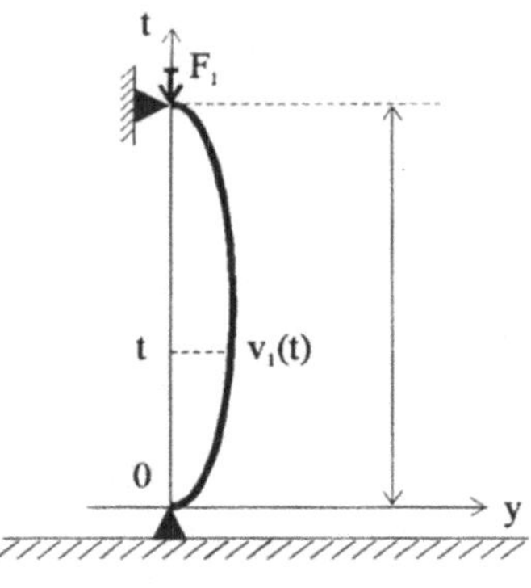

Abb. 13.1

wobei $\lambda = \frac{F}{EJ}$ ist. (Die Konstanten E, J charakterisieren das Material, aus dem der Stab hergestellt ist.)

Man kann nun zeigen, daß die Randwertaufgabe (13.15), (13.16) genau dann eine nichttriviale Lösung hat, wenn gilt:

$$\lambda = \left(\frac{k\pi}{l}\right)^2, \quad k = 1, 2, \dots .$$

Die dem Wert $\lambda = \lambda_k = \left(\frac{k\pi}{l}\right)^2$ entsprechende nichttriviale Lösung hat die Form

$$v_k(t) = c \sin \frac{k\pi t}{l},$$

wobei c eine beliebige Konstante ist. Die "erste" Durchbiegung erfolgt also bei der Kraft

$$F = F_1 = EJ\lambda_1 = EJ\left(\frac{\pi}{l}\right)^2,$$

die Biegungslinie ist dabei nicht eindeutig bestimmt. Fixieren wir nun den Stab an der Stelle $t = \frac{l}{2}$, wo die Ausbiegung $v_1(t)$ maximal wird (Abb. 13.2), so muß man nun eine größere kritische Kraft F_2 anwenden, um den Stab erneut durchzubiegen, nämlich

$$F = F_2 = EJ\lambda_2 = EJ\left(\frac{2\pi}{l}\right)^2.$$

Weiter können wir den Stab an den Stellen fixieren, wo die Ausbiegung $v_2(t)$ maximal wird (Abb. 13.3). Dann braucht man zur erneuten Durchbiegung des

Stabes die Kraft

$$F = F_3 = EJ\lambda_3 = EJ\left(\frac{3\pi}{l}\right)^2, \quad \text{usw.}$$

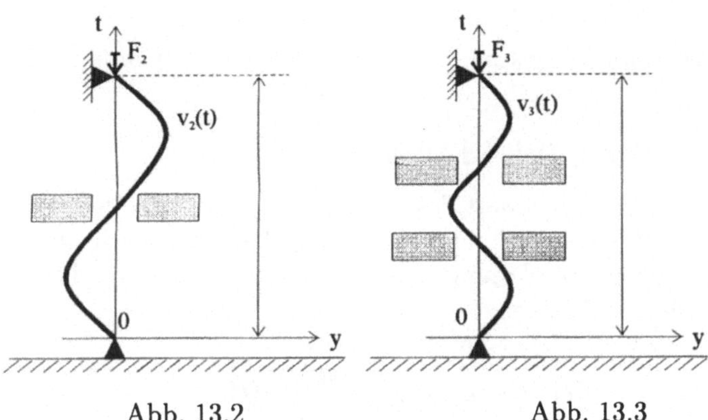

Abb. 13.2 Abb. 13.3

Wir können also feststellen, daß

$$\left\{\left(\frac{\pi}{l}\right)^2, \left(\frac{2\pi}{l}\right)^2, \left(\frac{3\pi}{l}\right)^2, \ldots\right\}$$

das System der Eigenwerte des Sturm–Liouvilleschen Problems (13.15), (13.16) ist und

$$\left\{\sqrt{\frac{2}{l}}\sin\frac{\pi t}{l}, \ \sqrt{\frac{2}{l}}\sin\frac{2\pi t}{l}, \ \sqrt{\frac{2}{l}}\sin\frac{3\pi t}{l}, \ldots\right\}$$

das orthonormierte System der zugehörigen Eigenfunktionen.

Falls also $F(t)$ eine auf dem Intervall $[0, 1]$ zweimal stetig differenzierbare Funktion ist, die den Bedingungen $F(0) = F(l) = 0$ genügt, kann man sie nach Satz 13.5 in der Form einer gleichmäßig und absolut konvergenten Fourier–Reihe darstellen:

$$F(t) = \frac{2}{l}\sum_{k=1}^{\infty}\left(\int_0^l F(\tau)\sin\frac{k\pi\tau}{l}\mathrm{d}\tau\right)\sin\frac{k\pi t}{l}.$$

13.4 Parameterabhängige Randwertaufgaben

In Anwendungen treten oft Randwertaufgaben der Form

$$-\left(p(t)y'(t)\right)' + q(t)y(t) = \lambda y(t) + f(t), \tag{13.17}$$

$$l_1(y) = l_2(y) = 0 \tag{13.18}$$

auf, wobei λ ein Parameter ist. Nach 13.1 können wir die Lösung dieser Aufgabe in der Form

$$y(t) = \int_a^b G(t,\tau)[\lambda y(\tau) + f(\tau)]\mathrm{d}\tau = \lambda \int_a^b G(t,\tau)y(\tau)\mathrm{d}\tau + g(t) \tag{13.19}$$

schreiben, wo $G(t,\tau)$ die Greensche Funktion der Randwertaufgabe (13.1), (13.2) ist und

$$g(t) = \int_a^b G(t,\tau)f(\tau)\mathrm{d}\tau. \tag{13.20}$$

Wenn λ kein Eigenwert des Sturm–Liouvilleschen Problems (13.7), (13.8) ist, hat die Integralgleichung (13.19) – und folglich auch die Aufgabe (13.17), (13.18) – genau eine Lösung. Nach Satz 11.1 können wir diese Lösung in der folgenden Form schreiben:

$$y(t) = g(t) + \lambda \sum_{i=1}^{\infty} \frac{g_i}{\lambda_i - \lambda}\varphi_i(t). \tag{13.21}$$

Aus dem Hilbert–Schmidtschen Satz und aus (13.20) folgt

$$g(t) = \sum_{i=1}^{\infty} \frac{f_i}{\lambda_i}\varphi_i(t) \tag{13.22}$$

(d.h. $g_i = \frac{f_i}{\lambda_i}$), und beide Reihen in (13.21), (13.22) konvergieren absolut und gleichmäßig. Wenn wir (13.22) in (13.21) einsetzen, erhalten wir die Lösung

$$y(t) = \sum_{i=1}^{\infty} \frac{f_i}{\lambda_i - \lambda}\varphi_i(t). \tag{13.23}$$

Da die Bedingung (P) erfüllt ist und $\lambda = 0$ kein Eigenwert des Sturm–Liouvilleschen Problems (13.7), (13.8) ist, können wir die Lösung des Randwertproblems (13.1), (13.2) in der Form der absolut und gleichmäßig konvergenten Reihe

$$\sum_{i=1}^{\infty} \frac{f_i}{\lambda_i}\varphi_i(t)$$

mit $f_i = (f, \varphi_i)$ ausdrücken.

Es sei nun $\lambda = \hat{\lambda}$, wobei $\hat{\lambda}$ ein Eigenwert des Sturm–Liouvilleschen Problems (13.7), (13.8) ist mit zugehöriger Eigenfunktion $\hat{\varphi}(t)$. Nach Satz 11.2 ist die Integralgleichung (13.19) genau dann lösbar, wenn gilt

$$(g, \hat{\varphi}) = 0. \tag{13.24}$$

Diese Beziehung können wir jedoch unter Berücksichtigung von (13.20) wie folgt schreiben:

$$\begin{aligned} 0 &= \int_a^b \left(\int_a^b G(t,\tau) f(\tau) \mathrm{d}\tau \right) \hat{\varphi}(t) \mathrm{d}t \\ &= \int_a^b \left(\int_a^b G(t,\tau) \hat{\varphi}(t) \mathrm{d}t \right) f(\tau) \mathrm{d}\tau = \frac{1}{\hat{\lambda}} \int_a^b \hat{\varphi}(\tau) f(\tau) \mathrm{d}\tau = \frac{1}{\hat{\lambda}} (f, \hat{\varphi}). \end{aligned}$$

Da $\hat{\lambda} \neq 0$ ist (Bedingung (P)!), ist nun $(f, \hat{\varphi}) = 0$ die Bedingung für die Lösbarkeit der Randwertaufgabe (13.17), (13.18). Wegen Satz 11.2 können wir die Lösung dieser Aufgabe in der Form

$$y(t) = \sum_{i=1}^{\infty}{}^{*} \frac{f_i}{\lambda_i - \hat{\lambda}} + c\hat{\varphi}(t) \tag{13.25}$$

schreiben, wobei c eine beliebige Konstante ist und das Symbol $\sum_{i=1}^{\infty}{}^{*}$ bedeutet, daß die Summe das Glied $(f, \hat{\varphi})$ nicht enthält.

Beispiel 13.4 Man bestimme die Lösung des Randwertproblems

$$-y'' - 2y = \frac{\pi - t}{2}, \quad t \in (0, \pi); \quad y(0) = y(\pi) = 0. \tag{13.26}$$

Lösung Die Eigenwerte und Eigenfunktionen der homogenen Randwertaufgabe

$$-y'' = \lambda y; \quad y(0) = y(\pi) = 0 \tag{13.27}$$

sind $\lambda_k = k^2$, $\varphi_k(t) = \sqrt{\frac{2}{\pi}} \sin kt$, $k = 1, 2, \ldots$. Weiter ist

$$f_k = (f, \varphi_k) = \sqrt{\frac{2}{\pi}} \int_0^{\pi} \frac{\pi - t}{2} \sin kt \; \mathrm{d}t = \sqrt{\frac{\pi}{2}} \frac{1}{k}.$$

Laut Formel (13.23) läßt sich die Lösung der Aufgabe (13.18) in Form der absolut und gleichmäßig konvergenten Reihe

$$y(t) = \sum_{k=1}^{\infty} \frac{\sin kt}{k(k^2 - 3)}, \quad t \in [0, \pi],$$

darstellen.

Beispiel 13.5 Man bestimme die Lösung des Randwertproblems

$$-y'' - 4y = f(t), \quad t \in [0, \pi]; \quad y(0) = y(\pi) = 0. \tag{13.28}$$

L ö s u n g In diesem Fall stimmt der Wert des Parameters λ mit dem zweiten Eigenwert $\lambda_2 = 4$ der Aufgabe (13.27) überein. Die notwendige und hinreichende Lösbarkeitsbedingung für (13.28) lautet also:

$$\int_0^\pi f(t) \sin 2t \, dt = 0.$$

Falls sie erfüllt ist, können wir die Lösung der Aufgabe (13.28) aufgrund von Formel (13.25) in der Gestalt

$$y(t) = \frac{f_1}{-3} \sin t + c \sin 2t + \frac{f_3}{5} \sin 3t + \frac{f_4}{12} \sin 4t + \cdots$$

schreiben, mit $f_k = \int_0^\pi f(t) \sin kt \, dt$, $k = 1, 3, 4, 5, \ldots$, und mit einer beliebigen Konstante c.

13.5 Aufgaben

13.5.1 Man bestimme die Greenschen Funktionen der folgenden Randwertprobleme und drücke die Lösung $y(t)$ in der Form (13.4) aus.

(a) $-y'' + \omega^2 y = f(t)$, $y(0) = y(1) = 0$ ($\omega > 0$ konstant).

(b) $-y'' - \omega^2 y = f(t)$, $y(0) = y(1) = 0$ ($\omega > 0$ konstant).

(c) $-t^4 y'' - 4t^3 y' - 2t^2 y = f(t), t \in [1, 3]$; $y(1) + y'(1) = 0$, $2y(3) + 3y'(3) = 0$.

Mit Hilfe der Formeln (13.23) bzw. (13.25) bestimme man die Lösungen folgender Randwertaufgaben:

13.5.2 $-y'' = \sin t$, $t \in (0, 2\pi)$; $y'(0) = 0$, $y'(2\pi) = 0$.

13.5.3 $-y'' = \sin 3t$, $t \in (0, \pi)$; $y(0) = y(\pi) = 0$.

13.5.4 $-y'' = \frac{\pi - t}{2}$, $t \in (0, \pi)$; $y(0) = y(\pi) = 0$.

13.5.5 $-y'' = -2 \sin t - \sin 3t$, $t \in (0, \pi)$; $y(0) = y(\pi) = 0$.

13.5.6 $-y'' - \omega^2 y = f(t)$, $t \in (0, l)$; $y(0) = y(l) = 0$. Hier ist ω eine vorgegebene Konstante.

Einige Approximationsmethoden

In diesem Teil wollen wir dem Leser einige der am häufigsten benutzten Methoden der approximativen Lösung von Integralgleichungen vorstellen. Es sei bemerkt, daß wir schon in den vorhergehenden Abschnitten die Methode der schrittweisen Näherungen (Abschnitt 4) und die Methode der ausgearteten Kerne kennengelernt haben. Neben ihrer theoretischen Bedeutung stellen diese Methoden gleichzeitig auch Näherungsmethoden dar, da man auf ihrer Grundlage Algorithmen zusammenstellen kann, mit deren Hilfe man Näherungslösungen der Volterraschen oder Fredholmschen Integralgleichung erhält (siehe 4.1, 4.3 und 7.5). Wir werden auf diese Methoden nicht näher eingehen.

Weiter sei hervorgehoben, daß dieser Teil nur eine erste rein informative Einführung sein soll. Wir werden uns dabei nur auf die Beschreibung des Prinzips der jeweiligen Methode und des Algorithmus zur Berechnung der Näherungslösung beschränken und die Methode an einem Beispiel erläutern. Absichtlich befassen wir uns nicht mit Fehlerabschätzungen, da diese komplizierte Problematik den Rahmen dieses Buches sprengen würde, und verweisen den Leser auf Spezialliteratur. Die Beispiele sind so gewählt, daß man die Näherungslösung mit der exakten vergleichen kann, und in einigen Fällen stimmt sogar die berechnete Näherungslösung mit der exakten Lösung überein. Dies ist natürlich in der Praxis selten der Fall. Durch die spezielle Wahl der rechten Seite und des Kerns der Integralgleichung haben wir dies jedoch absichtlich erzeugt.

14 Die Methode der Quadraturformeln

Bei dieser Methode ersetzen wir die Integralgleichung durch ein System algebraischer Gleichungen. Letzteres entsteht, wenn man das Integral durch eine geeignete *Quadraturformel* (siehe z.B. [HÄH]) ersetzt. Die Unbekannten in diesem System sind dann die Werte der gesuchten Lösung der Integralgleichung in ausgewählten Punkten (den *Knotenpunkten*) des Integrationsbereiches.

Das bestimmte Integral $\int_a^b \varphi(t)\mathrm{d}t$ kann man im allgemeinen durch eine endliche Summe approximieren,

$$\int_a^b \varphi(t)\mathrm{d}t \approx \sum_{i=1}^{n} A_i \varphi(t_i), \tag{14.1}$$

wobei t_i fest gewählte *Knotenpunkte* des Intervalls $[a, b]$ sind. Üblicherweise sind

A_i vorgegebene, nichtnegative Koeffizienten mit $\sum_{i=1}^{n} A_i = b-a$. Oft benutzt man eine *equidistante Zerlegung* des Intervalls $[a,b]$, d.h., man wählt

$$t_i = a + (i-1)h, \quad i = 1,2,\ldots,n, \quad h = \frac{b-a}{n-1}. \tag{14.2}$$

In Tab. 14.1 sind die Werte der Koeffizienten A_i für einige der am häufigsten benutzten Quadraturformeln angegeben. Die geometrische Deutung der A_i kann direkt aus Abb. 14.1 (Rechteckformel), Abb. 14.2 (Trapezformel) und Abb. 14.3 (Simpsonsche Regel) abgelesen werden.

Formel	Koeffizienten A_i und Knotenpunkte t_i
Rechteckformel	$A_i = \frac{b-a}{n-1}, i = 1,2,\ldots,n-1,\ A_n = 0;$ $t_i = a + h(i-1), i = 1,2,\ldots,n; h = \frac{b-a}{n-1}.$
Trapezformel	$A_1 = A_n = \frac{h}{2}, A_2 = A_3 = \cdots = A_{n-1} = h;$ $t_i = a + h(i-1), i = 1,2,\ldots,n; h = \frac{b-a}{n-1}.$
Simpsonsche Regel für $n = 2m+1$ $m = 1,2,3,\ldots$	$A_i = A_{2m+1} = \frac{h}{3}, A_2 = A_4 = \cdots = A_{2m} = \frac{4h}{3},$ $A_3 = A_5 = \cdots = A_{2m-1} = \frac{2h}{3};$ $t_i = a + h(i-1), i = 1,2,\ldots,n; h = \frac{b-a}{n-1}.$
Gaußsche Formel für $n = 6, a = -1,$ $b = 1$	$A_1 = A_6 = 0,171\,324\,492\,379\,170\,345\,04,$ $A_2 = A_5 = 0,360\,761\,573\,048\,138\,607\,57,$ $A_3 = A_4 = 0,467\,913\,934\,572\,691\,047\,39;$ $t_1 = -t_6 = 0,932\,469\,514\,203\,152\,027\,81,$ $t_2 = -t_5 = 0,661\,209\,386\,466\,264\,513\,66,$ $t_3 = -t_4 = 0,238\,619\,186\,083\,196\,908\,63.$
Gaußsche Formel für $n = 7; a = -1,$ $b = 1$	$A_1 = A_7 = 0,129\,484\,966\,2,\ A_2 = A_6 = 0,279\,705\,391\,5,$ $A_3 = A_5 = 0,381\,830\,050\,5,\ A_4 = 0,417\,959\,183\,7;$ $-t_1 = t_7 = 0,949\,107\,912\,3,\quad t_2 = t_6 = 0,741\,531\,185\,6,$ $-t_3 = t_5 = 0,405\,845\,151\,4,\quad t_4 = 0.$
Tschebyscheffsche Formel für $n = 6; a = -1,$ $b = 1$	$A_1 = A_2 = \cdots = A_6 = \frac{2}{n} = \frac{1}{3};$ $-t_1 = t_6 = 0,866\,246\,818\,1,$ $-t_2 = t_5 = 0,422\,518\,653\,8,$ $t_3 = t_4 = 0,266\,635\,401\,5.$

Tab. 14.1

14.1 Fredholmsche Integralgleichung zweiter Art

Bei fest gewählten Knotenpunkten t_i, $i = 1,2,\ldots,n$, aus $[a,b]$ beruht die Bestimmung der Werte der Lösung $y(t)$ der Integralgleichung

$$y(t) - \mu \int_a^b K(t,\tau)y(\tau)\mathrm{d}\tau = f(t) \tag{14.3}$$

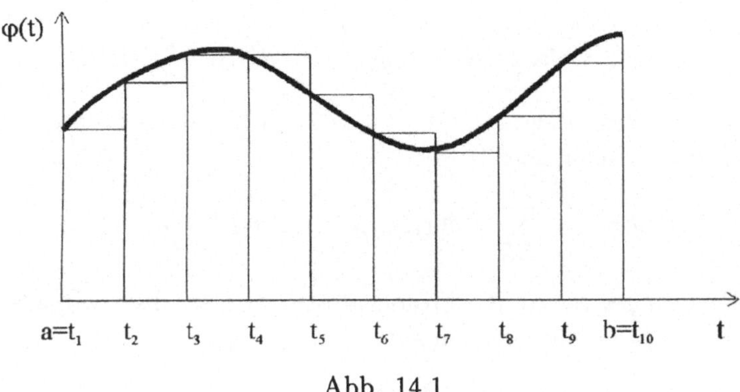

Abb. 14.1

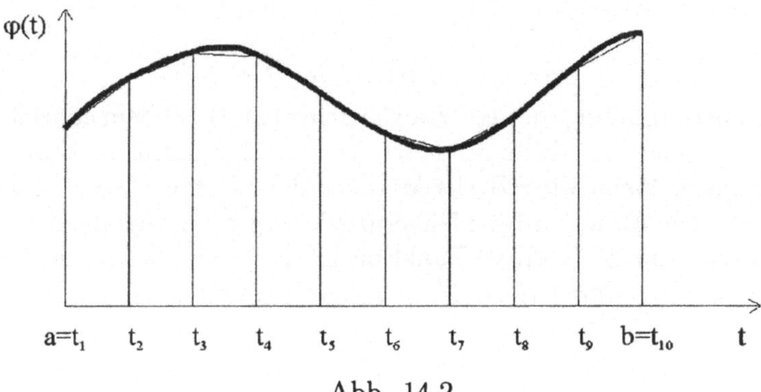

Abb. 14.2

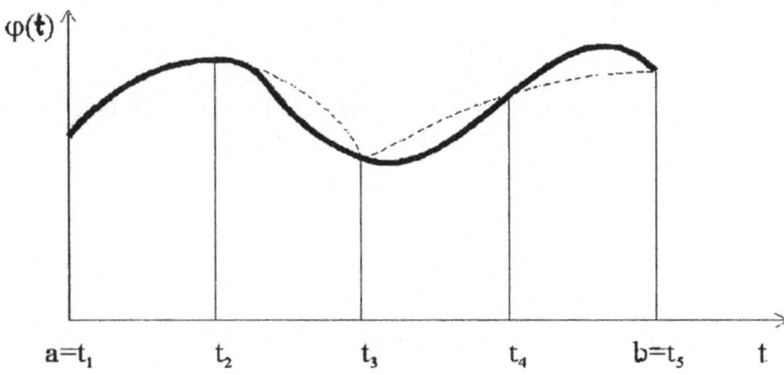

Abb. 14.3

in den Punkten t_i in der Lösung des "Gleichungssystems"

$$y(t_i) - \mu \int_a^b K(t_i, \tau) y(\tau) \mathrm{d}\tau = f(t_i), \quad i = 1, 2, \ldots, n. \tag{14.4}$$

Ersetzen wir das Integral in (14.4) durch eine Quadraturformel (14.1), so erhalten wir die Beziehungen

$$y(t_i) - \mu \sum_{j=1}^{n} A_j K(t_i, t_j) y(t_j) \approx f(t_i), \quad i = 1, 2, \ldots, n. \tag{14.5}$$

Die *Näherungen* y_i für die Lösungswerte $y(t_i)$ erhalten wir aus dem System linearer algebraischer Gleichungen

$$y_i - \mu \sum_{j=1}^{n} A_j K_{ij} y_j = f_i, \quad i = 1, 2, \ldots, n, \tag{14.6}$$

mit

$$K_{ij} = K(t_i, t_j), \quad f_i = f(t_i).$$

Die Näherungslösung der Integralgleichung (14.3) auf dem ganzen Intervall $[a, b]$ kann man dann mit Hilfe der berechneten Näherungen y_i durch *Interpolation* bestimmen. Wenn wir z.B. die Methode der linearen Interpolation benutzen, wird die Näherungslösung der Integralgleichung (14.3) eine stückweise lineare (stetige) Funktion in $[a, b]$ sein, welche im Knotenpunkt t_i den Wert y_i annimmt ($i = 1, 2, \ldots, n$; Abb. 14.4).

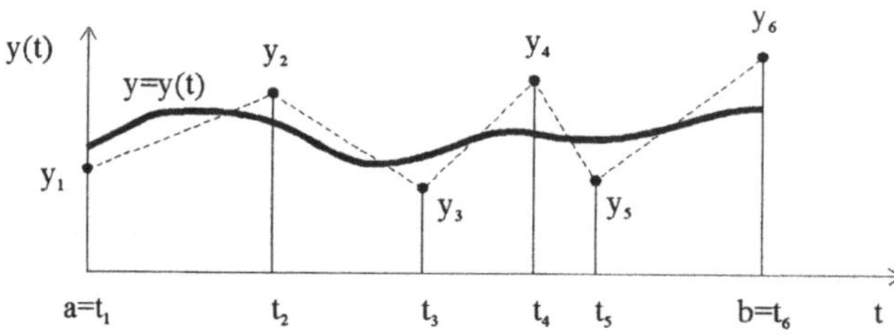

Abb. 14.4

Wir können die Näherungslösung auch in der folgenden Form ausdrücken:

$$\tilde{y}(t) = f(t) + \mu \sum_{j=1}^{n} A_j K(t, t_j) y_j. \tag{14.7}$$

Aus (14.6) folgt dann, daß gilt

$$\tilde{y}(t_i) = y_i, \quad i = 1, 2, \ldots, n.$$

Beispiel 14.1 Man löse die Integralgleichung

$$y(t) = \frac{5}{6}t + \frac{1}{2}\int_0^1 t\tau y(\tau)\mathrm{d}\tau. \tag{14.8}$$

L ö s u n g Wählt man mit $n = 3$ die Knotenpunkte $t_1 = 0$, $t_2 = \frac{1}{2}$ und $t_3 = 1$, dann erhält man für K_{ij} und f_i, $i, j = 1, 2, 3$, die folgenden Werte

$$\begin{array}{llllll} f_1 &= 0, & f_2 &= \frac{5}{12}, & f_3 &= \frac{5}{6}, \\ K_{11} &= 0, & K_{12} &= 0, & K_{13} &= 0, \\ K_{21} &= 0, & K_{22} &= \frac{1}{4}, & K_{23} &= \frac{1}{2}, \\ K_{31} &= 0, & K_{32} &= \frac{1}{2}, & K_{33} &= 1. \end{array}$$

Wir benutzen nun die Simpsonsche Regel

$$\int_0^1 \varphi(\tau)\mathrm{d}\tau \approx \frac{1}{6}\left[\varphi(0) + 4\varphi\left(\frac{1}{2}\right) + \varphi(1)\right]$$

(siehe Tab. 14.1) und berechnen die Näherungswerte y_i, $i = 1, 2, 3$, der Lösung $y(t)$ der Gleichung (14.8) in den Punkten $t_1 = 0$, $t_2 = \frac{1}{2}$ und $t_3 = 1$ aus dem Gleichungssystem

$$\begin{aligned} y_1 &= 0, \\ \frac{11}{12}y_2 - \frac{1}{24}y_3 &= \frac{5}{12}, \\ -\frac{2}{12}y_2 + \frac{11}{12}y_3 &= \frac{5}{6}. \end{aligned}$$

Als Lösung erhält man $y_1 = 0$, $y_2 = \frac{1}{2}$ und $y_3 = 1$. Mit Hilfe der Formel (14.7) berechnet man für $t \in [0, 1]$ die Näherungslösung

$$\tilde{y}(t) = \frac{5}{6}t + \frac{1}{2}\cdot\frac{1}{6}\left(0 + 4\cdot\frac{1}{2}\cdot\frac{1}{2}t + 1\cdot 1t\right) = t.$$

[Man überzeuge sich, daß diese Näherungslösung mit der exakten Lösung der Integralgleichung (14.8) übereinstimmt!]

Für $f(t) \equiv 0$ ist (14.3) eine h o m o g e n e Fredholmsche Integralgleichung zweiter Art. In diesem Fall führt die Methode der Quadraturformeln auf das homogene lineare Gleichungssystem

$$y_i - \mu\sum_{j=1}^{n} A_j K_{ij} y_j = 0, \quad i = 1, 2, \ldots, n. \tag{14.9}$$

Bezeichnen wir mit $D(\mu, \boldsymbol{A}, \boldsymbol{K})$ die Determinante dieses Gleichungssystems, dann existiert eine n i c h t t r i v i a l e Lösung dieses Systems genau dann, wenn gilt:

$$D(\mu, \boldsymbol{A}, \boldsymbol{K}) = 0. \tag{14.10}$$

Die linke Seite der Formel (14.10) stellt bekanntlich ein Polynom n-ten Grades bzgl. der Variablen μ dar. Bezeichnen wir mit $\tilde{\mu}_1, \tilde{\mu}_2, \ldots, \tilde{\mu}_n$ die Wurzeln dieses Polynoms, dann ist $\tilde{\mu}_i$ ein N ä h e r u n g s w e r t des charakteristischen Wertes μ_i des Kerns $K(t, \tau)$ $(i = 1, 2, \ldots, n)$.

Setzen wir einen von den Werten $\tilde{\mu}_k$ $(k = 1, 2, \ldots, n)$ in das Gleichungssystem (14.9) ein, erhalten wir eine nichttriviale Lösung $y_1^{(k)}, y_2^{(k)}, \ldots, y_n^{(k)}$, wobei $y_i^{(k)}$ einen N ä h e r u n g s w e r t d e r E i g e n f u n k t i o n $\varphi_k(t)$ des Kerns $K(t, \tau)$ im Punkte t_i darstellt. Die Funktionen

$$\tilde{\varphi}_k(t) = \tilde{\mu}_k \sum_{j=1}^{n} A_j K(t, t_j) y_j^{(k)}, \quad k = 1, 2, \ldots, n,$$

sind dann Approximationen der Eigenfunktionen im Intervall $[a, b]$.

Bemerkung 14.1 Die Größe des Fehlers bei der Bestimmung einer Näherungslösung der Integralgleichung (14.3) hängt von der gewählten Quadraturformel und von der Glattheit des Kerns $K(t, \tau)$ und der rechten Seite $f(t)$ ab (und natürlich auch von der Anzahl und der Lage der Knotenpunkte). Bei der Wahl der Quadraturformel ist zu beachten, daß Formeln mit größerer Genauigkeit höhere Anforderungen an die Glattheit der zu integrierenden Funktion stellen.

Bemerkung 14.2 (über die Form der Vorgabe der rechten Seite) Bei der Wahl einer geeigneten Quadraturformel ist die Vorgabe der rechten Seite der Gleichung (14.3) von entscheidender Bedeutung.

(i) *Vorgabe in Tabellenform.* Ist die Funktion $f(t)$ durch eine T a b e l l e ihrer Werte in gewissen Punkten t_i des Intervalls $[a, b]$ gegeben $(i = 1, 2, \ldots, n)$, so ist dadurch die Wahl der Quadraturformel schon mehr oder weniger vorgeschrieben: Die Punkte t_i dienen als Knotenpunkte.

Ist $\mu = 1$, dann führt die Trapezformel mit veränderlicher Schrittweite $h_i = t_i - t_{i-1}$ auf folgendes System linearer Gleichungen [das dem System (14.6) entspricht]:

$$y_i - \frac{h_2}{2} K_{i1} y_1 - \frac{1}{2} \sum_{j=2}^{n-1} (h_j + h_{j+1}) K_{ij} y_j - \frac{h_n}{2} K_{in} y_n = f_i, \tag{14.11}$$

$i = 1, 2, \ldots, n$, mit $t_1 = a$, $t_2 = a + h_2$, $t_3 = t_2 + h_3, \ldots$, $t_n = t_{n-1} + h_n$, $\sum_{i=2}^{n} h_i = b - a$. Ist $h_i = h$ für $i = 2, 3, \ldots, n$, dann hat das System (14.6) die Form

$$y_i - h \sum_{j=1}^{n} A_j K_{ij} y_j = f_i, \quad j = 1, 2, \ldots, n \tag{14.12}$$

mit $n = \frac{b-a}{h} + 1$, $A_j = 0,5$ für $j = 1$ und $j = n$, $A_j = 1$ für $j = 2, \ldots, n-1$.

Ist $h_i = h$ $(i = 2, 3, \ldots, n)$ und n eine ungerade Zahl, können wir die Simpsonsche Formel benutzen. Dann hat (14.6) die Form

$$y_i - \frac{h}{3} \sum_{j=1}^{n} A_j K_{ij} y_j = f_i, \quad i = 1, 2, \ldots, n \tag{14.13}$$

mit $A_j = 1$ für $j = 1$ und $j = n$, $A_j = 4$ für $j = 2, 4, 6, \ldots, n-1$, $A_j = 2$ für $j = 3, 5, 7, \ldots, n-2$.

(ii) *Vorgabe in analytischer Form.* In diesem Fall haben wir bei der Auswahl der Methode der Quadraturformeln mehr Möglichkeiten, da wir bei der Wahl der Knotenpunkte nicht beschränkt sind. Wenn wir z.B. die Gaußsche Formel verwenden wollen, gehen wir folgendermaßen vor: Wir zerteilen das Intervall $[a, b]$ in kleinere Intervalle $[a_i, b_i]$, $i = 1, 2, \ldots, m$, mit $a_1 = a$, $b_m = b$, $a_{i+1} = b_i$, $i = 1, 2, \ldots, m-1$. Das Integral von a bis b zerfällt dann in die Summe von m Integralen,

$$\int_a^b \varphi(t) \mathrm{d}t = \int_{a_1}^{b_1} \varphi(t) \mathrm{d}t + \cdots + \int_{a_m}^{b_m} \varphi(t) \mathrm{d}t. \tag{14.14}$$

Auf jedem dieser Teilintervalle verwenden wir dann die Gaußsche Quadraturformel mit n Knotenpunkten (üblicherweise wählt man $n = 6$) und erhalten als Resultat für die Näherungswerte der Lösung in den Knotenpunkten ein System von $n \times m$ linearen algebraischen Gleichungen.

Die Werte der Koeffizienten A_i und die Koordinaten der Knotenpunkte t_i werden in vielen Tabellen oft nur für das Grundintervall $[-1, 1]$ angegeben (siehe auch Tab. 14.1). Falls wir also die Gaußsche Formel für die Teilintervalle $[a_i, b_i]$ benutzen wollen, müssen wir eine entsprechende Koordinatentransformation vornehmen:

$$\begin{aligned} \int_{a_i}^{b_i} \varphi(t) \mathrm{d}t &= \frac{b_i - a_i}{2} \int_{-1}^{1} \varphi\left(\frac{b_i - a_i}{2}\tau + \frac{b_i + a_i}{2}\right) \mathrm{d}\tau \\ &\approx \frac{b_i - a_i}{2} \sum_{k=1}^{n} A_k \varphi\left(\frac{b_i - a_i}{2} t_k + \frac{b_i + a_i}{2}\right), \end{aligned} \tag{14.15}$$

und wir setzen für A_k, t_k die Werte von Tab. 14.1 ein. Aus (14.14) und (14.15) folgt dann

$$\int_a^b \varphi(t)\mathrm{d}t \approx \sum_{i=1}^{m} \frac{b_i - a_i}{2} \sum_{k=1}^{n} A_k \varphi\left(\frac{b_i - a_i}{2} t_k + \frac{b_i + a_i}{2}\right)$$

Bezeichnen wir mit y_{ik} und f_{ik} die Werte $y_i(t_k)$ und $f_i(t_k)$, wobei y_i bzw. f_i die von $[a_i, b_i]$ auf $[-1, 1]$ transformierten Funktionen y bzw. f sind und weiter

$$K_{ijk} = K\left(\frac{b_i - a_i}{2} t_j + \frac{b_i + a_i}{2},\quad \frac{b_i - a_i}{2} t_k + \frac{b_i + a_i}{2}\right)$$

gesetzt wird ($i = 1, 2, \ldots, m; j, k = 1, 2, \ldots, n$), dann erhalten wir für die Näherungswerte y_{ik} der Lösung der Gleichung (14.3) (mit $\mu = 1$) in den entsprechenden Knotenpunkten das Gleichungssystem

$$y_{ik} - \sum_{i=1}^{m} \frac{b_i - a_i}{2} \sum_{j=1}^{n} A_j K_{ijk} y_{ij} = f_{ik}$$

($i = 1, 2, \ldots, m; \quad j, k = 1, 2, \ldots, n$).

14.2 Fredholmsche Integralgleichung erster Art

Die Methode der Quadraturformeln kann man auch zur Bestimmung einer angenäherten Lösung $y(t)$ der Integralgleichung

$$\int_a^b K(t, \tau) y(\tau) \mathrm{d}\tau = f(t) \tag{14.16}$$

benutzen. Die Näherungswerte y_i für $y(t_i)$, wobei t_i ($i = 1, 2, \ldots, n$) die Knotenpunkte sind, bestimmen wir dann aus dem Gleichungssystem

$$\sum_{j=1}^{n} A_j K_{ij} y_j = f_i, \quad i = 1, 2, \ldots, n. \tag{14.17}$$

Schon in 12.2 wurde auf gewisse Schwierigkeiten hingewiesen, die bei der Lösung von Fredholmschen Integralgleichungen erster Art auftreten.

Definition 14.1 *Es sei die Integralgleichung* (14.16) *in der Operatorform*

$$\boldsymbol{K}\, y = f \tag{14.18}$$

geschrieben, wobei $\boldsymbol{K}$ *der durch den Kern* $K(t,\tau)$ *bestimmte Integraloperator ist* [*siehe* (9.1)]. *Die Aufgabe, eine Lösung der Gleichung* (14.18) *zu finden, nennen wir* *k o r r e k t* *gestellt, falls folgende Bedingungen erfüllt sind:*
1. *Die Lösung* y *der Gleichung* (14.18) *ist* *e i n d e u t i g* *bestimmt.*
2. *"Kleine" Änderungen der rechten Seite* f *haben nur "kleine" Änderungen der Lösung* y *zu Folge.*

Falls eine von diesen Bedingungen nicht erfüllt ist, nennen wir die Aufgabe *unkorrekt* gestellt.

Die Aufgabe, eine Lösung der Fredholmschen Integralgleichung erster Art zu finden, ist schon deshalb unkorrekt gestellt, weil die zweite Bedingung von Def. 14.1 nicht erfüllt ist. Deshalb muß man vor allem bei der Anwendung numerischer Methoden sehr vorsichtig sein. Bereits bei einer geringfügigen Abänderung der rechten Seite der Integralgleichung (14.16) kann sich die Lösung so wesentlich ändern, daß sie mit der ursprünglichen Lösung nichts mehr gemeinsam hat.

Dieses Phänomen können wir im Zusammenhang mit der Anwendung der Methode der Quadraturformeln folgendermaßen erklären. Für einen beliebigen quadratisch integrierbaren Kern $K(t,\tau)$ läßt sich zeigen, daß seine Eigenwerte gegen Null konvergieren (für den Fall eines stetigen, symmetrischen Kerns siehe Abschnitt 9). Mit Hilfe einer geeigneten Quadraturformel führen wir die Integralgleichung (14.16) in das System linearer algebraischer Gleichungen (14.17) über. Die Eigenwerte der Matrix dieses Systems, die eine Approximation der Eigenwerte des Kerns $K(t,\tau)$ darstellen, können alle von Null verschieden sein, und in diesem Fall hat dieses System genau eine Lösung, wobei kleinen Änderungen des Vektors der rechten Seiten in (14.17) wiederum nur kleine Änderungen des Lösungsvektors entsprechen. Wenn wir nun die Zahl n vergrößern (d.h., wir vergrößern die Anzahl der Knotenpunkte und verfeinern somit die Unterteilung der Intervalls $[a,b]$), kann der Eigenwert der entsprechenden Matrix des Systems (14.17) mit dem kleinsten Absolutbetrag immer kleiner werden und (für $n \to \infty$) gegen Null streben. Als Folgerung davon können dann die aus dem System (14.17) bestimmten Näherungslösungen für $n \to \infty$ divergieren.

Trotz dieser Schwierigkeiten wurde eine Reihe von Methoden zur Lösung von Fredholmschen Integralgleichungen erster Art, die in Anwendungen eine wichtige Rolle spielen, erarbeitet, u.a. im Zusammenhang mit der Lösung unkorrekt gestellter Aufgaben. Es seien hier die *Methoden der Regularisierung* (z.B. die Tichonoffsche, die Lawrentiewsche u.a.) erwähnt. Für Details verweisen wir auf die entsprechende Literatur, z.B. [KRE].

14.3 Volterrasche Integralgleichung zweiter Art

Wir betrachten nun die Integralgleichung

$$y(t) - \int_a^t K(t,\tau)y(\tau)\mathrm{d}\tau = f(t). \tag{14.19}$$

Nach Wahl der Knotenpunkte t_i, $i = 1, 2, \ldots, n$, suchen wir einen Näherungswert y_i für $y(t_i)$, wobei $y(t)$ die Lösung der Gleichung (14.19) ist. Aus (14.19) folgt

$$y(t_i) - \int_a^{t_i} K(t_i,\tau)y(\tau)\mathrm{d}\tau = f(t_i), \quad i = 1, 2, \ldots, n. \tag{14.20}$$

Wir approximieren die Integrale in (14.20) mit Hilfe der Quadraturformel (14.1), wobei wir sukzessiv $b = t_1$, $b = t_2, \ldots, b = t_n$ setzen. Wir erhalten dann

$$y(t_i) - \sum_{j=1}^{i} A_j K(t_i, t_j) y(t_j) \approx f(t_i), \quad i = 1, 2, \ldots, n. \tag{14.21}$$

Wenn wir die in 14.1 eingeführten Bezeichungen verwenden, erhalten wir aus (14.21) das Gleichungssystem

$$y_1 = f_1, \quad y_i - \sum_{j=1}^{i} A_j K_{ij} y_j = f_i, \quad i = 2, \ldots, n. \tag{14.22}$$

Da die Matrix dieses Systems eine D r e i e c k s m a t r i x ist, können wir die gesuchten Näherungswerte rekursiv bestimmen:

$$\begin{aligned} y_1 &= f_1, \\ y_2 &= (f_2 + A_1 K_{21} y_1)(1 - A_2 K_{22})^{-1}, \\ &\cdots\cdots\cdots\cdots\cdots\cdots \\ y_n &= (f_n + \sum_{j=1}^{n-1} A_j K_{nj} y_j)(1 - A_n K_{nn})^{-1}, \end{aligned} \tag{14.23}$$

allerdings nur unter der Voraussetzung, daß gilt:

$$(1 - A_i K_{ii}) \neq 0, \quad i = 2, \ldots, n. \tag{14.24}$$

Durch geignete Wahl der Knotenpunkte bzw. durch die Wahl genügend kleiner Koeffizienten A_i kann man stets erreichen, daß die Bedingung (14.24) erfüllt ist.

Im Gegensatz zu Fredholmschen Integralgleichungen können bei der Anwendung der Methode der Quadraturformeln bei der Gleichung (14.19) gewisse Probleme auftreten. Da die Anzahl der Knotenpunkte im Intervall $[a, t_i]$ mit wachsendem i $(= 1, 2, \ldots, n)$ zunimmt, kann man nicht die Simpsonsche Formel verwenden. Diese benötigt eine *gerade* Anzahl von Knotenpunkten, und man muß sie deshalb mit anderen Methoden kombinieren. Ähnliche Probleme treten auch bei der Gaußschen, Tschebyscheffschen u.a. Formeln auf. Deshalb wird meistens die *Trapezformel* herangezogen.

Wir setzen

$$t_1 = a, \quad t_2 = t_1 + h_2, \quad t_3 = t_2 + h_3, \ldots, t_n = b.$$

Dann haben die *Rekursionsformeln* (14.23) folgende Form:

$$\begin{aligned} y_1 &= f_1, \\ y_2 &= \left(1 - \frac{h_2}{2} K_{22}\right)^{-1} \left(f_2 + \frac{h_2}{2} K_{21} y_1\right), \\ &\cdots\cdots\cdots\cdots\cdots\cdots\cdots\cdots \\ y_i &= \left(1 - \frac{h_i}{2} K_{ii}\right)^{-1} \left(f_i + \frac{h_2}{2} K_{21} y_1 + \frac{1}{2} \sum_{j=2}^{i-1} (h_j + h_{j+1}) K_{ij} y_j\right), \end{aligned} \tag{14.25}$$

$i = 3, 4, \ldots, n$, und sie gelten unter der Voraussetzung

$$h_i \neq \frac{2}{K(t_i, t_i)}, \quad i = 2, \ldots, n.$$

Ist insbesondere $h_i = h$ für $i = 2, \ldots, n$, dann können wir die Formeln (14.25) in der Form

$$y_1 = f_1, \quad y_i = \frac{f_i + h \sum_{j=1}^{i-1} A_j K_{ij} y_j}{1 - \frac{h}{2} K_{ii}} \tag{14.26}$$

schreiben, mit $i = 2, 3, \ldots, \frac{b-a}{h} + 1$, $t_i = a + (i-1)h$, $A_1 = \frac{1}{2}$, $A_j = 1$ für $j > 1$.

Beispiel 14.2 Man betrachte die Integralgleichung

$$y(t) = \int_0^t e^{-(t-\tau)} y(\tau) \mathrm{d}\tau + e^{-t}, \quad t \in \left[0, \frac{1}{10}\right], \tag{14.27}$$

und berechne mit Hilfe der Trapezformel die Näherungswerte ihrer Lösung in den Punkten

$$t_1 = 0, \quad t_2 = 0,02, \quad t_3 = 0,04, \quad t_4 = 0,06, \quad t_5 = 0,08, \quad t_6 = 0,1.$$

L ö s u n g Wir benutzen die Formeln (14.26) für $h = 0,02$ und $i = 1, 2, \ldots, 6$. Tab. 14.2 enthält die Werte $K_{ij} = K(t_i, t_j) = e^{-(t_i - t_j)}$ für $i \geq j$ und $f_i = e^{-t_i}$. Mit der Bezeichnung $B_i = \left(1 - \frac{1}{2}hK_{ii}\right)^{-1}$ erhalten wir aus (18.26) schrittweise:

$$y_1 = f_1 = 1,000\ 000; \quad y_2 = B_2\left(f_2 + \frac{h}{2}K_{21}y_1\right) = 1,000\ 001;$$

$$y_3 = B_3\left(f_3 + \frac{h}{2}K_{31}y_1 + hK_{32}y_2\right) = 0,999\ 405;$$

$$y_4 = B_4\left(f_4 + \frac{h}{2}K_{41}y_1 + hK_{42}y_2 + hK_{43}y_3\right) = 1,000\ 002;$$

$$y_5 = B_5\left(f_5 + \frac{h}{2}K_{51}y_1 + h(K_{52}y_2 + K_{53}y_3 + K_{54}y_4)\right) = 0,999\ 991;$$

$$y_6 = B_6\left(f_6 + \frac{h}{2}K_{61}y_1 + h(K_{62}y_2 + K_{63}y_3 + K_{64}y_4 + K_{65}y_5)\right) = 0,999\ 991.$$

Da die exakte Lösung der Gleichung (14.27) die Funktion $y = y(t) \equiv 1$ ist, sieht man unmittelbar, daß für den Fehler $F_i := |y(t_i) - y_i|$ $(i = 1, 2, \ldots, 5)$ gilt: $F_1 = 0$, $F_2 = 0,000\ 001$, $F_3 = 0,000\ 595$, $F_4 = 0,000\ 002$ und $F_5 = 0,000\ 009$.

t_i	$K_{ij} = K(t_i, t_j)$						
	$t_1 = 0,00$	$t_2 = 0,02$	$t_3 = 0,04$	$t_4 = 0,06$	$t_5 = 0,08$	$t_6 = 0,1$	$f_i = f(t)$
0,00	1,000 0						1,000 0
0,02	0,980 199	1,000 0					0,980 199
0,04	0,960 789	0,980 199	1,000 0				0,960 789
0,06	0,941 765	0,960 789	0,980 199	1,000 0			0,941 765
0,08	0,923 116	0,941 765	0,960 789	0,980 199	1,000 0		0,923 116
1,00	0,904 837	0,923 116	0,941 765	0,960 789	0,980 199	1,000 0	0,904 837

Tab. 14.2

14.4 Volterrasche Integralgleichung erster Art

Geht man bei der angenäherten Lösung der Integralgleichung

$$\int_a^t K(t, \tau) y(\tau) \mathrm{d}\tau = f(t) \tag{14.28}$$

ähnlich vor wie in 14.3, so erhält man statt (14.22) das Gleichungssystem

$$\sum_{j=1}^{i} A_j K_{ij} y_j = f_i, \quad i = 2, \ldots, n. \tag{14.29}$$

Der Unterschied zu der Näherungslösung der Volterraschen Integralgleichung zweiter Art besteht darin, daß uns nun die Ausgangsbedingung $y_1 = f_1$ nicht mehr zur Verfügung steht. Aus 12.1 wissen wir, daß die Bedingung $f(a) = f_1 = 0$ eine notwendige Bedingung der Lösbarkeit der Gleichung (14.28) darstellt, und wir müssen nun den Wert y_1 auf eine andere Weise bestimmen. Existiert für den Kern $K(t,\tau)$ die partielle Ableitung $\frac{\partial K}{\partial t}(t,\tau)$, dann erhalten wir nach Differentiation von (14.28)

$$\int_a^t \frac{\partial K}{\partial t}(t,\tau) y(\tau) \mathrm{d}\tau + K(t,t) y(t) = f'(t),$$

woraus für $t = a$ unter der Voraussetzung $K_{11} \neq 0$ folgt:

$$y_1 = y(a) = \frac{f'(a)}{K(a,a)} = \frac{f'(a)}{K_{11}}. \tag{14.30}$$

Wir nutzen die Tatsache, daß die Koeffizientenmatrix des Systems (14.29) wiederum eine Dreiecksmatrix ist, und bestimmen die gesuchten Werte y_i, $i = 2, \ldots, n$, aufgrund der Rekursionsformeln

$$\begin{aligned} y_2 &= \frac{1}{A_2 K_{22}}(f_2 - A_1 K_{21} y_1), \\ y_3 &= \frac{1}{A_3 K_{33}}(f_3 - A_1 K_{31} y_1 - A_2 K_{32} y_2), \\ &\cdots\cdots\cdots\cdots\cdots\cdots \\ y_n &= \frac{1}{A_n K_{nn}}\Big(f_n - \sum_{j=1}^{n-1} A_j K_{nj} y_j\Big), \end{aligned} \tag{14.31}$$

unter der Voraussetzung

$$A_i K_{ii} \neq 0, \quad i = 2, \ldots, n.$$

Zur näherungsweisen Lösung der Gleichung (14.28) ist die *Trapezformel* gut geeignet. Wenn wir die Bezeichnungen $h_i = t_i - t_{i-1}$, $i = 2, \ldots, n$, mit $t_1 = a$,

$t_2 = a+h_1, \ldots, t_n = b$ einführen, nehmen die Formeln (14.31) die folgende Form an:

$$y_2 = \frac{2}{K_{22}}\left[\frac{f_2}{h_2} - \frac{1}{2}K_{21}y_1\right], \quad y_i = \frac{2}{K_{ii}}\left[\frac{f_i}{h_i} - \frac{h_2}{2h_i}K_{i1}y_1 - \frac{1}{2}\sum_{j=2}^{i-1}\frac{h_j + h_{j-1}}{h_i}K_{ij}y_j\right],$$

$$i = 3, 4, \ldots, n.$$

Ist insbesondere $h_i = h$, $i = 2, \ldots, n$, so können wir das System zur Berechnung der Näherungswerte y_i wie folgt schreiben:

$$y_1 = \frac{f'(a)}{K_{11}}, \quad y_i = \frac{2}{K_{ii}}\left[\frac{f_i}{h} - \frac{1}{2}K_{i1}y_1 - \sum_{i=2}^{i-1}K_{ij}y_j\right], \quad i = 2, \ldots, n.$$

Die Ableitung $f'(a)$ können wir z.B. mit Hilfe der quadratischen Interpolation approximieren:

$$f'(a) \approx \frac{1}{2h}\left[-3f(a) + 4f(a+h) - f(a+2h)\right].$$

14.5 Nichtlineare Integralgleichungen

Wir betrachten nun die n i c h t l i n e a r e Integralgleichung

$$y(t) - \int_a^b K(t, \tau, y(\tau))\mathrm{d}\tau = f(t), \tag{14.32}$$

wobei $K(t, \tau, s)$ und $f(t)$ stetige Funktionen sind. Ersetzen wir das Integral in (14.32) durch die Quadraturformel (14.1), so erhalten wir die Beziehung

$$y(t) - \sum_{j=1}^{n} A_j K(t, t_j, y(t_j)) \approx f(t), \tag{14.33}$$

und in den Knotenpunkten $t_i, i = 1, 2, \ldots, n$, gilt dann

$$y(t_i) \approx \sum_{j=1}^{n} A_j K(t_i, t_j, y(t_j)) + f(t_j).$$

Für die Näherungswerte y_i der Lösung $y(t)$ in den Punkten t_i erhalten wir also das Gleichungssystem

$$y_i = \sum_{j=1}^{n} A_j K(t_i, t_j, y_j) + f_i, \quad i = 1, 2, \ldots, n, \tag{14.34}$$

das wiederum i.allg. n i c h t l i n e a r ist. Zur Lösung von (14.33) benutzt man dann wieder eine geeignete numerische Methode.

Aus den berechneten Werten y_i, $i = 1, 2, \ldots, n$, kann man durch Interpolation die gesuchte Lösung $y(t)$ näherungsweise auf das ganze Intervall $[a, b]$ ausdehnen. Wir können aber auch die Beziehung (14.32) direkt ausnützen. Wenn wir in der Summe die genauen Werte $y(t_j)$ durch die berechneten Näherungswerte y_j ersetzen, erhalten wir für die Näherungslösung der Gleichung (14.32) die Formel

$$\tilde{y}(t) = \sum_{j=1}^{n} A_j K(t, t_j, y_j) + f(t).$$

Auch bei nichtlinearen Volterraschen Integralgleichungen

$$y(t) - \int_a^t K(t, \tau, y(\tau)) \mathrm{d}\tau = f(t) \tag{14.35}$$

kann man die Methode der Quadraturformeln benutzen. Da die obere Grenze im Integral in (14.35) veränderlich ist, wird das Gleichungssystem (14.33) jedoch folgende Spezialform haben:

$$y_1 = f_1, \quad y_i = \sum_{j=1}^{i} A_j K(t_i, t_j, y_j) + f_i, \quad i = 2, \ldots, n. \tag{14.36}$$

Oft treten in Problemen aus der Praxis Kerne der folgenden Form auf:

$$K(t, \tau, s) = \tilde{K}(t, \tau) F(s)$$

mit stetigen Funktionen $\tilde{K}(t, \tau)$ und $F(s)$. In diesem Fall können wir das System (14.36) in der Form

$$\begin{aligned} y_1 &= f_1, \\ y_2 - A_2 K_{22} F(y_2) &= f_2 + A_1 K_{21} F(y_1), \\ &\cdots\cdots\cdots\cdots\cdots \\ y_n - A_n K_{nn} F(y_n) &= f_n + \sum_{j=1}^{n-1} A_j K_{nj} F(y_j) \end{aligned} \tag{14.37}$$

schreiben, aus dem wir die Näherungswerte $y_1, y_2, \ldots, y_n$ schrittweise bestimmen können. [Es ist hier $K_{ij} = \tilde{K}(t_i, t_j)$.]

Beispiel 14.3 Mit Hilfe der Trapezformel löse man die nichtlineare Integralgleichung

$$y(t) - \int_0^t e^{-(t-\tau)} y^2(\tau) d\tau = e^{-t}, \quad t \in \left[0, \frac{1}{10}\right]. \tag{14.38}$$

L ö s u n g Wir wählen h und $t_1, \ldots, t_6$ wie in Beispiel 14.2. Dann hat das System (14.37) die Form

$$y_1 = f_1, \quad y_i - 0,01 K_{ii} y_i^2 = f_i + \sum_{j=1}^{i-1} 0,02 K_{ij} y_j^2, \quad i = 2, 3, \ldots, 6, \tag{14.39}$$

wobei die Werte K_{ij} und f_i der Tab. 14.2 entnommen werden können. Zur Berechnung der Näherungswerte y_i muß man also die quadratischen Gleichungen in (14.39) lösen und erhält

$$y_i = \frac{1 - \sqrt{1 - 0,04 K_{ii}(f_i + \sum\limits_{i=1}^{i-1} 0,02 K_{ij} y_j^2)}}{0,02 K_{ii}}, \quad i = 2, \ldots, 6.$$

Tab. 14.3 enthält die Werte y_i sowie die zugehörigen Fehler $y_i - y(t_i)$ (die exakte Lösung ist $y(t) \equiv 1$).

t	0,00	0,02	0,04	0,06	0,08	0,1
$y(t_i)$	1,000 000	1,000 000	1,000 000	1,000 000	1,000 000	1,000 000
y_i	1,000 000	1,010 005	1,015 890	1,010 650	1,010 865	1,011 090
$y_i - y(t_i)$	0,000 000	0,010 005	0,015 840	0,010 650	0,010 865	0,011 090

Tab. 14.3

14.6 Aufgaben

14.6.1 Man überprüfe die Richtigkeit der Beziehungen (14.11) und (14.12).

14.6.2 Man überprüfe die Formel (14.13).

14.6.3 Mit Hilfe der Methode der Quadraturformeln löse man die Integralgleichungen

(a) $y(t) + \int_0^1 t\,(e^{t\tau} - 1)\, y(\tau) d\tau = e^t - t$,

(b) $y(t) + \int_0^t e^{-t-\tau} y(\tau) d\tau = \frac{e^{-t} - e^{-3t}}{2}, \quad t \in [0, 1]$,

(c) $y(t) - \int_0^1 (t - \tau) y(\tau) d\tau = t^2$.

15 Die Momentenmethode, die Methode der kleinsten Quadrate und die Kollokationsmethode

Die Methoden, mit denen wir uns nun befassen werden, unterscheiden sich wesentlich von der Methode der Quadraturformeln. Während wir in Abschnitt 14 die *Gleichung* approximiert haben, legen wir nun die Approximation der *Lösung* zugrunde. Wir werden gewisse, feste linear unabhängige Funktionen auf dem Intervall $[a, b]$ wählen (die *Basisfunktionen*) und werden die gesuchte Näherungslösung als Linearkombination dieser Funktionen darstellen. Die Koeffizienten dieser Linearkombination berechnen wir dann aus einem Gleichungssystem, das wir aus der Integralgleichung (nach der jeweiligen Methode) herleiten werden.

15.1 Die Momentenmethode

Es sei $\{\psi_1(t), \psi_2(t), \ldots, \psi_n(t)\}$ ein System linear unabhängiger Funktionen auf dem Intervall $[a, b]$. Die Näherungslösung $Y_n(t)$ der Integralgleichung

$$y(t) - \mu \int_a^b K(t, \tau) y(\tau) \mathrm{d}\tau = f(t) \tag{15.1}$$

suchen wir in folgender Gestalt:

$$Y_n(t) = f(t) + \sum_{i=1}^{n} c_i \psi_i(t), \tag{15.2}$$

wobei die bisher unbekannten Koeffizienten c_i $(i = 1, 2, \ldots, n)$ zu bestimmen sind.

Wir führen die Bezeichnung

$$(\boldsymbol{L}\, u)(t) := u(t) - \mu \int_a^b K(t, \tau) u(\tau) \mathrm{d}\tau - f(t)$$

ein. Setzen wir hierin für $u(t)$ die Funktion $Y_n(t)$ ein, so erhalten wir

$$\begin{aligned}(\boldsymbol{L}\, Y_n)(t) = \sum_{i=1}^{n} c_i \left[\psi_i(t) - \mu \int_a^b K(t, \tau) \psi_i(\tau) \mathrm{d}\tau\right] \\ - \mu \int_a^b K(t, \tau) f(\tau) \mathrm{d}\tau.\end{aligned} \tag{15.3}$$

Im weiteren schreiben wir für die rechte Seite von (15.3) kurz $\Phi(t; c_1, \ldots, c_n)$. Die unbekannten Koeffizienten c_i in (15.2) und (15.3) kann man nun auf verschiedene Art und Weise bestimmen. Eine Möglichkeit ist die Forderung, die Funktion $\Phi(t; c_1, \ldots, c_n)$ möge zu allen Funktionen $\psi_1(t), \ldots, \psi_n(t)$ orthogonal sein:

$$\int_a^b \Phi(t; c_1, c_2, \ldots, c_n)\psi_i(t)\mathrm{d}t = 0, \quad i = 1, 2, \ldots, n. \tag{15.4}$$

Erinnert man sich an die Bedeutung von $\Phi(t; c_1, \ldots, c_n)$, so erkennt man, daß die Bedingungen (15.4) als ein System linearer Gleichungen in den Unbekannten $c_1, \ldots, c_n$ aufgefaßt werden können:

$$\sum_{j=1}^{n} c_j(\alpha_{ij} - \mu\beta_{ij}) = \mu\gamma_i, \quad i = 1, 2, \ldots, n, \tag{15.5}$$

mit

$$\alpha_{ij} = \int_a^b \psi_i(t)\psi_j(t)\mathrm{d}t, \qquad \beta_{ij} = \int_a^b \left(\int_a^b K(t,\tau)\psi_i(t)\psi_j(\tau)\mathrm{d}\tau \right) \mathrm{d}t,$$

$$\gamma_i = \int_a^b \left(\int_a^b K(t,\tau)\psi_i(t)f(\tau)\mathrm{d}\tau \right) \mathrm{d}t.$$

Mit der Lösung des Gleichungssystems (15.5) in den Unbekannten $c_1, \ldots, c_n$ erhalten wir somit auch die Näherungslösung $Y_n(t) = f(t) + \sum_{i=1}^{n} c_i\psi_i(t)$.

Beispiel 15.1 Man löse mit Hilfe der soeben beschriebenen Methode die Integralgleichung

$$y(t) = 1 + \int_{-1}^{1} (t\tau + t^2)y(\tau)\mathrm{d}\tau. \tag{15.6}$$

Als Basisfunktionen wählen wir die ersten drei Legendre–Polynome auf dem Intervall $[-1, 1]$:

$$\psi_1(t) = 1, \quad \psi_2(t) = t, \quad \psi_3(t) = \frac{3t^2 - 1}{2}.$$

Die Näherungslösung suchen wir in der Form

$$Y_3(t) = 1 + c_1 + c_2 t + c_3 \frac{3t^2 - 1}{2}. \tag{15.7}$$

Dann ist

$$(\boldsymbol{L}\, Y_3)(t) = c_1 + c_2 t + c_3 \frac{3t^2 - 1}{2} - \int_{-1}^{1} (t\tau + t^2)(1 + c_1 + c_2\tau + c_3 \frac{3\tau^2 - 1}{2})\mathrm{d}\tau,$$

d.h. $\Phi(t; c_1, c_2, c_3) = c_1 + c_2 t + c_3 \frac{3t^2-1}{2} - 2t^2 + 2t^2 c_1 + \frac{2t}{3} c_2$, und die Bedingungen (15.4) führen auf das Gleichungssystem

$$\frac{2}{3}c_1 = \frac{4}{3}, \quad \frac{1}{9}c_2 = 0, \quad \frac{8}{15}c_1 - \frac{2}{5}c_3 = -\frac{8}{15}.$$

Das hat die Lösung $c_1 = 2$, $c_2 = 0$, $c_3 = 4$, und folglich ist nach (15.7)

$$Y_3(t) = 6t^2 + 1.$$

Diese Näherungslösung stimmt mit der exakten Lösung der Integralgleichung (15.6) überein.

Bemerkung 15.1 Die Momentenmethode ist eigentlich eine Analogie zum Galerkin–Verfahren, das bei der angenäherten Lösung von Differentialgleichungen benutzt wird (siehe z.B. [HAC]).

Man setze voraus, daß $\psi_1(t), \psi_2(t), \ldots, \psi_n(t)$ die ersten n Funktionen eines vollständigen ONS $\{\psi_i(t)\}_{i=1}^{\infty}$ sind. Die Funktion $y(t)$ ist eine (exakte) Lösung der Integralgleichung (15.1) genau dann, wenn die Funktion $(\boldsymbol{L}\, y)(t)$ zu allen Funktionen des ONS $\{\psi_i(t)\}_{i=1}^{\infty}$ orthogonal ist, d.h. wenn gilt

$$\int_a^b (\boldsymbol{L}\, y)(t)\psi_i(t)\mathrm{d}t = 0 \quad \text{für} \quad i = 1, 2, \ldots. \tag{15.8}$$

In der Momentenmethode fordern wir, daß die Bedingung (15.8) nur für eine endliche Anzahl der Indizes erfüllt ist, $i = 1, 2, \ldots, n$; siehe (15.4). Das Prinzip der Methode beruht also darauf, daß wir die Lösung der Gleichung (15.1) nur in einem endlichdimensionalen Teilraum suchen, den die lineare Hülle der Funktionen $\psi_1(t), \psi_2(t), \ldots, \psi_n(t)$ darstellt. In diesem Teilraum liegt dann auch die Näherungslösung $Y_n(t)$.

Bemerkung 15.2 (homogene Gleichungen) Das lineare Gleichungssystem (15.5) hat genau dann eine eindeutig bestimmte Lösung, wenn die Determinante dieses Systems,

$$\Delta(\mu) = \det(\alpha_{ij} - \mu\beta_{ij}),$$

von Null verschieden ist. Falls wir eine nichttriviale Lösung der homogenen Integralgleichung

$$y(t) - \mu \int_a^b K(t, \tau)y(\tau)\mathrm{d}\tau = 0 \tag{15.9}$$

suchen, erhalten wir ähnlich wie im Falle der inhomogenen Gleichung ein System linearer Gleichungen

$$\sum_{j=1}^{n} c_j(\alpha_{ij} - \mu\beta_{ij}) = 0, \quad i = 1, 2, \ldots, n. \tag{15.10}$$

Dieses System hat eine nichttriviale Lösung genau dann, wenn gilt

$$\Delta(\mu) = 0. \tag{15.11}$$

Die Wurzeln der Gleichung (15.11) können wir als Näherungen der charakteristischen Werte $\mu_1, \mu_2, \ldots, \mu_n$ des Kerns $K(t, \tau)$ auffassen. Setzen wir eine Wurzel μ_k in das System (15.10) ein und berechnen seine nichttriviale Lösung

$$c_1^{(k)}, c_2^{(k)}, \ldots, c_n^{(k)},$$

dann ist die entsprechende Näherungslösung

$$Y_n^{(k)}(t) = \sum_{i=1}^{n} c_i^{(k)} \psi_i(t)$$

eine Approximation der Eigenfunktion $\varphi_k(t)$ des Kerns $K(t, \tau)$.

Beispiel 15.2 Wir betrachten die Integralgleichung

$$y(t) - \mu \int_0^1 K(t, \tau) y(\tau) \mathrm{d}\tau = 0 \tag{15.12}$$

mit dem Kern

$$K(t, \tau) = \begin{cases} t(1-\tau) & \text{für } 0 \le t \le \tau \le 1, \\ t(1-t) & \text{für } 0 \le \tau \le t \le 1 \end{cases} \tag{15.13}$$

und suchen eine Approximation der beiden ersten charakteristischen Werte des Kerns $K(t, \tau)$ und der zugehörigen Eigenfunktionen.

L ö s u n g   Eine nichtriviale Näherungslösung der Gleichung (15.12) suchen wir in der Form

$$Y_3(t) = c_1 + c_2 t(1-t) + c_3 t(1-t)(1-2t),$$

d.h., wir haben die folgenden Basisfunktionen gewählt:

$$\psi_1(t) = 1, \quad \psi_2(t) = t(1-t), \quad \psi_2(t) = t(1-t)(1-2t), \quad t \in [0, 1].$$

Die Konstanten c_1, c_2, c_3 bestimmen wir – gemäß der allgemeinen Regel – aus den Bedingungen

$$\int_0^1 \psi_i(t)(\boldsymbol{L}\, Y_3)(t) \mathrm{d}t = 0, \quad i = 1, 2, 3,$$

die in unserem Fall die folgende Form haben:

$$\begin{aligned}
\int_0^1 \psi_1(t)\, \boldsymbol{L}\, Y_3(t)\mathrm{d}t &= c_1(1-\frac{\mu}{12}) + \frac{c_2}{6}(1-\frac{\mu}{10}) = 0, \\
\int_0^1 \psi_2(t)\, \boldsymbol{L}\, Y_3(t)\mathrm{d}t &= \frac{c_1}{6}(1-\frac{\mu}{10}) + \frac{c_2}{30}(1-\frac{17\mu}{168}) = 0, \\
\int_0^1 \psi_3(t)\, \boldsymbol{L}\, Y_3(t)\mathrm{d}t &= \frac{c_3}{210}(1-\frac{\mu}{40}) = 0.
\end{aligned} \tag{15.14}$$

Dieses Gleichungssystem entspricht dem allgemeinen System (15.10), und die Bedingung (15.11) hat nun die Form

$$(\mu^2 - 180\mu + 1\,680)(\mu - 40) = 0.$$

Die Wurzeln dieser Gleichung lauten

$$\mu_1 \approx 9,8751; \quad \mu_2 = 40; \quad \mu_3 \approx 170,1249.$$

Setzen wir in (15.14) $\mu = \mu_1$, erhalten wir als Lösung des entsprechenden Gleichungssystems die Werte

$$c_1 = -0,01176 c_2; \quad c_3 = 0.$$

Wählen wir noch c_2 so, daß die entsprechende Näherungslösung $Y_3^{(1)}$, welche die Eigenfunktion $\varphi_1(t)$ approximiert, die Bedingung

$$\int_0^1 [Y_3^{(1)}(t)]^2 \mathrm{d}t = 1$$

erfüllt, so erhalten wir $c_2 = 5,8170$, und folglich ist

$$Y_3^{(1)}(t) = -0,0684 + 5,8170 t(1-t).$$

Setzen wir in (15.14) $\mu = \mu_2$, erhalten wir als Lösung $c_1 = c_2 = 0$, c_3 eine beliebige reelle Zahl, und wenn wir noch zusätzlich fordern, die Approximation $Y_3^{(2)}(t)$ der zweiten Eigenfunktion $\varphi_2(t)$ möge die Bedingung

$$\int_0^1 [Y_3^{(2)}(t)]^2 \mathrm{d}t = 1$$

erfüllen, dann erhalten wir $c_3 = 14,49$. Folglich ist

$$Y_3^{(2)}(t) = 14,49 t(1-t)(1-2t).$$

Zum Vergleich seien hier die genauen Werte der beiden ersten charakteristischen Werte der Gleichung (15.11) und die zugehörigen Eigenfunktionen angeführt:

$$\mu_1 = \pi^2 \approx 9,8696, \quad \mu_2 = 4\pi^2 \approx 39,4784,$$

$$\varphi_1(t) = \sqrt{2}\sin \pi t, \quad \varphi_2(t) = \sqrt{2}\sin 2\pi t.$$

(Bei μ_3 ist der Fehler schon beträchtlich groß.)

Bemerkung 15.3 Die Momentenmethode entspricht der Lösung einer Gleichung mit ausgeartetem Kern $K^{(n)}(t,\tau)$, welcher den Kern $K(t,\tau)$ approximiert und folgendermaßen konstruiert wird: Es sei $\{\psi_i(t)\}_{i=1}^{\infty}$ ein vollständiges ONS auf dem Intervall $[a,b]$. Wir entwickeln den Kern $K(t,\tau)$ bei festem τ als Funktion der Veränderlichen t in seine Fourier–Reihe bezüglich dieses ONS und bezeichnen mit $K^{(n)}(t,\tau)$ seine n–te Partialsumme. Dann ist

$$K^{(n)}(t,\tau) = \sum_{i=1}^{n} u_i(\tau)\psi_i(t) \tag{15.15}$$

mit den Fourier–Koeffizienten

$$u_i(\tau) = \int_a^b K(t,\tau)\psi_i(t)\mathrm{d}t, \quad i = 1,2,\dots . \tag{15.16}$$

Die Näherungslösung der Integralgleichung mit ausgeartetem Kern

$$y(t) - \mu \int_a^b K^{(n)}(t,\tau)y(\tau)\mathrm{d}\tau = f(t), \tag{15.17}$$

die wir mit Hilfe der Momentenmethode bestimmen, stimmt mit ihrer exakten Lösung überein. Das entsprechende Gleichungssystem

$$\sum_{j=1}^{n} c_j(\alpha_{ij}^{(n)} - \mu\beta_{ij}^{(n)}) = \mu\gamma_i^{(n)}, i = 1,2,\dots,n, \tag{15.18}$$

das wir erhalten, wenn wir in den Bedingungen (15.4) den Kern $K(t,\tau)$ durch $K^{(n)}(t,\tau)$ ersetzen, ist dabei mit dem Gleichungssystem (15.5) identisch. Es ist tatsächlich $\alpha_{ij} = \alpha_{ij}^{(n)}$, $\gamma_i = \gamma_i^{(n)}$ und

$$\begin{aligned}\beta_{ij}^{(n)} &= \int_a^b \left(\int_a^b K^{(n)}(t,\tau)\psi_i(t)\psi_j(\tau)\mathrm{d}\tau\right)\mathrm{d}t\\ &= \int_a^b \left[\int_a^b \sum_{k=1}^n u_k(\tau)\psi_k(t)\psi_i(t)\psi_j(\tau)\mathrm{d}\tau\right]\mathrm{d}t\\ &= \sum_{k=1}^n \left(\int_a^b u_k(\tau)\psi_j(\tau)\mathrm{d}\tau\right)\left(\int_a^b \psi_k(t)\psi_i(t)\mathrm{d}t\right) = \int_a^b u_i(\tau)\psi_j(\tau)\mathrm{d}\tau,\\ \beta_{ij} &= \int_a^b \left(\int_a^b K(t,\tau)\psi_i(t)\psi_j(\tau)\mathrm{d}\tau\right)\mathrm{d}t\\ &= \int_a^b \psi_j(\tau)\left(\int_a^b K(t,\tau)\psi_i(t)\mathrm{d}t\right)\mathrm{d}\tau = \int_a^b \psi_j(\tau)u_i(\tau)\mathrm{d}\tau.\end{aligned}$$

Die (exakte) Lösung der Gleichung (15.17) mit ausgeartetem Kern $K^{(n)}(t,\tau)$ stimmt also überein mit der mit Hilfe der Momentenmethode bestimmten Näherungslösung der Gleichung (15.1).

15.2 Die Methode der kleinsten Quadrate

Wieder suchen wir eine Näherungslösung der Integralgleichung (15.1), diesmal in der Form

$$Y_n(t) = \sum_{j=1}^n c_j\psi_j(t), \tag{15.19}$$

wobei $\psi_1(t), \psi_2(t), \ldots, \psi_n(t)$ ein fest gewähltes System linear unabhängiger Funktionen auf dem Intervall $[a,b]$ ist. Die unbekannten Koeffizienten c_j, $j = 1,2,\ldots,n$, in der Linearkombination (15.19) bestimmen wir so, daß das Integral

$$J = \int_a^b \Psi^2(t; c_1, c_2, \ldots, c_n)\mathrm{d}t. \tag{15.20}$$

minimal wird, wobei Ψ folgendermaßen definiert ist:

$$\Psi(t; c_1, c_2, \ldots, c_n) := (\boldsymbol{L}\,Y_n)(t) = \sum_{i=1}^n c_i\left[\psi_i(t) - \mu\int_a^b K(t,\tau)\psi_i(\tau)\mathrm{d}\tau\right] - f(t).$$

Es läßt sich leicht zeigen, daß die Bedingung, das Integral J möge minimal werden, äquivalent ist mit dem Gleichungssystem

$$\frac{\partial J}{\partial c_i} = 0, \quad i = 1,2,\ldots,n. \tag{15.21}$$

Setzen wir hier die explizite Form der Funktion Ψ ein, dann hat (15.21) die Form des folgenden linearen Gleichungssystems mit den Unbekannten $c_1, c_2, \dots, c_n$:

$$\sum_{j=1}^{n} a_{ij}(\mu) c_j = b_i, \quad i = 1, 2, \dots, n, \tag{15.22}$$

mit

$$a_{ij}(\mu) = \int_a^b \left[\psi_j(t) - \mu \int_a^b K(t,\tau)\psi_j(\tau)\mathrm{d}\tau\right] \left[\psi_i(t) - \mu \int_a^b K(t,\tau)\psi_i(\tau)\mathrm{d}\tau\right] \mathrm{d}t,$$

$$b_i = \int_a^b f(t) \left[\psi_i(t) - \mu \int_a^b K(t,\tau)\psi_i(\tau)\mathrm{d}\tau\right] \mathrm{d}t.$$

Beispiel 15.3 Mit Hilfe der Methode der kleinsten Quadrate löse man die Integralgleichung

$$y(t) = t + \int_{-1}^{1} t\tau y(\tau)\mathrm{d}\tau. \tag{15.23}$$

L ö s u n g Wir wählen $\psi_1(t) = 1$, $\psi_2(t) = t$ und suchen die Näherungslösung in der Form

$$Y_2(t) = c_1 + c_2 t.$$

Das Gleichungssystem (15.22) hat dann die Form

$$\frac{8}{3}c_1 - \frac{3}{9}c_2 = -\frac{2}{3}, \quad -\frac{2}{9}c_1 + \frac{2}{27}c_2 = \frac{2}{9},$$

und seine Lösung $c_1 = 0$, $c_2 = 3$ ergibt die Näherungslösung der Integralgleichung (15.23):

$$Y_2(t) = 3t,$$

die mit der exakten Lösung übereinstimmt.

Ganz ähnlich können wir auch bei Fredholmschen Integralgleichungen erster Art vorgehen.

Beispiel 15.4 Wir lösen die Integralgleichung

$$\int_0^1 K(t,\tau)y(\tau)\mathrm{d}\tau = t - 2t^3 + t^4 \tag{15.24}$$

mit den Kern $K(t,\tau)$ aus (15.13).

L ö s u n g Suchen wir zunächst die Approximation der Lösung der Gleichung (15.24) in der Form

$$Y_2(t) = c_1 + c_2 t,$$

dann hat das Gleichungssystem (15.21) die Form

$$14c_1 + 7c_2 = 34, \quad 63c_1 + 32c_2 = 153$$

und die Lösung $c_1 = 2,4286$, $c_2 = 0$. Deshalb ist

$$Y_2(t) = 2,4286.$$

Nun suchen wir die Approximation der Lösung der Gleichung (15.24) in der Form

$$Y_3(t) = c_1 + c_2 t + c_3 t^2.$$

Wir erhalten das Gleichungssystem

$$\begin{array}{rcrcrcr} 84c_1 & + & 42c_2 & + & 25c_3 & = & 204, \\ 252c_1 & + & 128c_2 & + & 77c_3 & = & 612, \\ 450c_1 & + & 231c_2 & + & 140c_3 & = & 1092, \end{array}$$

mit der Lösung $c_1 = 0, c_2 = 12, c_3 = -12$. Die Näherungslösung hat also die Form

$$Y_3(t) = 12t(1-t)$$

und stimmt mit der exakten Lösung der Gleichung (15.24) überein.

Bemerkung 15.4 (homogene Gleichungen) Die Methode der kleinsten Quadrate kann man auch zur näherungsweisen Bestimmung der charakteristischen Werte des Kerns sowie der zugehörigen Eigenfunktionen verwenden. Ist die Gleichung (15.1) homogen, so sind die rechten Seiten b_i des Systems (15.22) gleich Null. Bezeichnen wir mit $\Delta(a_{ij}(\mu))$ die Determinante dieses Gleichungssystems, sind die Wurzeln der algebraischen Gleichung

$$\Delta(a_{ij}(\mu)) = 0$$

Approximationen der ersten n charakteristischen Werte des Kerns $K(t,\tau)$. Ist μ_k eine dieser Wurzeln, so ist mit einer Lösung $c_j^{(k)}$, $j = 1, 2, \ldots, n$, des homogenen Gleichungssystems

$$\sum_{j=1}^{n} a_{ij}(\mu_k) c_j^{(k)} = 0, \quad i = 1, 2, \ldots, n,$$

die entsprechende Näherungslösung

$$Y_n^{(k)}(t) = \sum_{i=1}^{n} c_i^{(k)} \psi_i(t)$$

dann eine Approximation der zugehörigen Eigenfunktion.

15.3 Die Kollokationsmethode

Ähnlich wie in 15.2 suchen wir die Näherungslösung der Integralgleichung (15.1) in der Form (15.9):

$$Y_n(t) = \sum_{j=1}^{n} c_j \psi_j(t). \tag{15.25}$$

Diesmal wählen wir im Intervall $[a, b]$ n Knotenpunkte t_i,

$$a = t_1 < t_2 < \cdots < t_{n-1} < t_n = b,$$

und bestimmen die unbekannten Koeffizienten c_j in der Linearkombination (15.25) über die Bedingungen

$$(\boldsymbol{L}\, Y_n)(t_j) = 0, \quad j = 1, 2, \ldots, n,$$

d.h. aus dem System

$$\sum_{i=1}^{n} c_i \left[\psi_i(t_j) - \mu \int_a^b K(t_j, \tau) \psi_i(\tau) \mathrm{d}\tau \right] = f(t_j), \quad j = 1, 2, \ldots, n. \tag{15.26}$$

Definieren wir

$$\hat{\psi}_i(t, \mu) := \psi_i(t) - \mu \int_a^b K(t, \tau) \psi_i(\tau) \mathrm{d}\tau,$$

so können wir das Gleichungssystem (15.26) in der folgenden Form schreiben:

$$\sum_{i=1}^{n} c_i \hat{\psi}_i(t_j, \mu) = f(t_j), \quad j = 1, 2, \ldots, n. \tag{15.27}$$

Ist die Determinante $\triangle(\hat{\psi}_i(t_j, \mu))$ des Gleichungssystems (15.27) von Null verschieden, lassen sich eindeutig die Koeffizienten $c_1, c_2, \ldots, c_n$ und somit auch die Näherungslösung $Y_n(t)$ der Integralgleichung (15.1) bestimmen.

Aus der algebraischen Gleichung

$$\triangle(\hat{\psi}_i(t_j, \mu) = 0 \tag{15.28}$$

können wir auch die Näherungswerte $\tilde{\mu}_k$ der charakteristischen Werte des Kerns $K(t, \tau)$ ermitteln. Es sei $\mu = \tilde{\mu}_k$ eine Wurzel der Gleichung (15.28), und es gelte $f(t_j) = 0, j = 1, 2, \ldots, n$. Ist $(c_1^{(k)}, c_2^{(k)}, \ldots, c_n^{(k)})$ ein nichttrivialer Lösungsvektor des homogenen Systems

$$\sum_{i=1}^{n} c_i \hat{\psi}_i(t_j, \tilde{\mu}_k) = 0, \quad j = 1, 2, \ldots, n,$$

so stellt die Funktion

$$Y_n^{(k)}(t) = \sum_{i=1}^{n} c_i^{(k)} \psi_i(t)$$

eine Approximation der entsprechenden Eigenfunktion des Kerns $K(t,\tau)$ dar.

Beispiel 15.5 Mit Hilfe der Kollokationsmethode löse man die Integralgleichung

$$y(t) = 1 + \frac{4}{3}t + \int_{-1}^{1} (t\tau^2 - t) y(\tau) \mathrm{d}\tau. \tag{15.29}$$

L ö s u n g   Wir wählen drei Basisfunktionen wie in Beispiel 15.1 und drei Knotenpunkte $t_1 = -1$, $t_2 = 0$, $t_3 = 1$. Es ist

$$Y_3(t) = c_1 + c_2 t + c_3 \frac{3t^2 - 1}{2}$$

und

$$(\boldsymbol{L}\, Y_3)(t) = c_1(1 + \frac{4}{3}t) + c_2 t + c_3(\frac{3t^2-1}{2} + \frac{7}{3}t) - 1 - \frac{4}{3}t.$$

Die Bedingungen (15.26) führen zum Gleichungssystem

$$\begin{aligned} \tfrac{1}{3}c_1 + c_2 + \tfrac{4}{3}c_3 &= \tfrac{1}{3}, \\ c_1 &= 1, \\ \tfrac{7}{3}c_1 + c_2 + \tfrac{10}{3}c_3 &= \tfrac{7}{3}, \end{aligned}$$

mit der Lösung $c_1 = 1$, $c_2 = c_3 = 0$, und folglich ist

$$Y_3(t) \equiv 1.$$

Diese Funktion ist gleichzeitig auch die exakte Lösung der Gleichung (15.29).

15.4 Aufgaben

15.4.1 Man überzeuge sich am Beispiel 15.1 über die Richtigkeit der in Bemerkung 15.3 durchgeführten Betrachtungen.

15.4.2 Mit Hilfe der Momentenmethode bestimme man angenähert die ersten drei charakteristischen Werte des Kerns

$$K(t,\tau) = \begin{cases} \frac{1}{2}(2-\tau)t & \text{für } 0 \le \tau \le t \le 2, \\ \frac{1}{2}(2-t)\tau & \text{für } 0 \le t \le \tau \le 2. \end{cases}$$

15.4.3 Mit Hilfe der Methode der kleinsten Quadrate bestimme man die Lösung der Integralgleichung

$$y(t) = \int_{-1}^{1} (1 + t\tau) y(\tau) \mathrm{d}\tau + t^2 + t + 1.$$

15.4.4 Mit Hilfe der Kollokationsmethode löse man die Integralgleichung

$$y(t) = \int_0^1 (t-1)y(\tau)\mathrm{d}\tau + 1.$$

Lösungen und Lösungshinweise

5.4.2 (a) $y(t) = \frac{1}{2}(\cos t + \cosh t)$.

5.4.2 (b) $y(t) = \frac{1}{3}\left(e^t - e^{-\frac{t}{2}}\cos\frac{\sqrt{3}}{2}t + 3e^{-\frac{t}{2}}\sin\frac{\sqrt{3}}{2}t\right)$.

5.4.2 (c) $y(t) = te^t$.

5.4.2 (d) $y(t) = \frac{2}{\sqrt{5}}e^{-\frac{1}{2}t}\sinh\frac{\sqrt{5}}{2}t$.

5.4.2 (e) $y(t) = \frac{1}{2}(\cosh t + \cos t)$.

5.4.2 (f) $y(t) = \frac{1}{2}e^{-t} + \frac{1}{6}e^t + \frac{1}{3}e^{-\frac{t}{2}}\left(\cos\frac{\sqrt{3}}{2}t - 3\sin\frac{\sqrt{3}}{2}t\right) - \sqrt{3}\sin\frac{\sqrt{3}}{2}t$.

5.4.3 $y_1(t) = e^{2t}, \quad y_2(t) = \frac{1}{2} - \frac{1}{2}e^{2t}$.

7.6.1 (a) Für $\mu = -2$ gibt es keine Lösung, für $\mu \neq -2$ ist $y(t) = \frac{2t(\mu+1)-\mu}{\mu+2}$.

7.6.1 (b) Für $\mu = \frac{1}{e^2-1}$ gibt es keine Lösung, für $\mu \neq \frac{1}{e^2-1}$ ist $y(t) = \frac{e^t}{1-\mu(e^2-1)}$.

7.6.1 (c) Für $\mu = 2$ und $\mu = -6$ gibt es keine Lösung, für $\mu \neq 2$, $\mu \neq -6$ ist $y(t) = \frac{12\mu^2 t - 24\mu t - \mu^2 + 42\mu}{6(\mu+6)(2-\mu)} + t + t^2$.

7.6.2 Für $\mu = \pm\frac{3}{2\sqrt{2}}$ gibt es keine Lösung, für $\mu \neq \pm\frac{3}{2\sqrt{2}}$ ist $y(t) = \sin t + \frac{3\pi\mu}{8\mu^2-9}(2\mu\cos 2t + \frac{3}{2}\sin 2t)$.

7.6.3 (a) Für $\mu \neq \pm\sqrt{\frac{5}{12}}$ ist $y(t) = \frac{12\mu}{12\mu^2-5}(5\sqrt[3]{t} + 6\mu) + 1 - 6t^2$, für $\mu = \pm\sqrt{\frac{5}{12}}$ gibt es keine Lösung.

7.6.3 (b) Für $\mu \neq \frac{5}{2}$ und $\mu \neq \frac{1}{2}$ ist $y(t) = \frac{5(2\mu-3)}{3(5-2\mu)}t^4 + t^2$, für $\mu = \frac{1}{2}$ ist $y(t) = ct^3 + t^2 - \frac{5}{6}t^4$ mit einer beliebigen reellen Konstante c, für $\mu = \frac{5}{2}$ gibt es keine Lösung.

7.6.4 (a) H i n w e i s : Der Kern ist ausgeartet, denn es ist $\sin(2t + \tau) = \sin 2t \cos\tau + \cos 2t \sin\tau$. Für $\mu \neq \frac{3}{4}$ und $\mu \neq -\frac{3}{2}$ ist $y(t) = \frac{12\mu}{3-4\mu}\sin 2t + \pi - 2t$, für $\mu = -\frac{3}{2}$ ist $y(t) = \pi - 2t - 2\sin 2t + c\cos 2t$ mit einer beliebigen reellen Konstante c, für $\mu = \frac{3}{4}$ gibt es keine Lösung.

7.6.4 (b) Für $\mu \neq \pm\frac{1}{2}$ ist $y(t) = 1 - \frac{2t}{\pi} - \frac{\pi^2}{6(1+2\mu)}\cos t$, für $\mu = \frac{1}{2}$ ist $y(t) = \frac{4}{3} - \frac{2t}{\pi} + (8 + \pi^2\cos t)c$ mit einer beliebigen reellen Konstante c, für $\mu = -\frac{1}{2}$ gibt es keine Lösung.

7.6.5 (a) Für $\mu_1 = \frac{1}{\pi}$ ist $y_1(t) = \sin t + \cos t$, $\tilde{y}_1(t) = 1$, für $\mu_2 = -\frac{1}{\pi}$ ist $y_2(t) = \cos t - \sin t$.

7.6.5 (b) Für $\mu = -\frac{2}{\pi}$ ist $y_1(t) = \sin t - \sin 4t, \tilde{y}_1(t) = \sin 2t - \sin 3t$, für $\mu = \frac{2}{\pi}$ ist $y_2(t) = \sin 2t + \sin 3t, \tilde{y}_2(t) = \sin t + \sin 4t$.

7.6.6 $b = 0, 3a + 5c = 0$.

7.6.7 $\Gamma_\mu(t,\tau) = \frac{\sin t \sin\tau + \sin 2t \sin 2\tau}{1-\pi\mu}$. Für $\mu \neq \frac{1}{\pi}$ ist $y(t) = \mu\int_0^{2\pi}\Gamma_\mu(t,\tau)f(\tau)d\tau + f(t)$, für $\mu = \frac{1}{\pi}$ hat die Gleichung genau dann eine Lösung, wenn gilt:

$$\int_0^{2\pi} f(\tau)\sin\tau d\tau = \int_0^{2\pi} f(\tau)\sin 2\tau d\tau = 0,$$

und die allgemeine Lösung hat die Form $y(t) = f(t) + c_1\sin t + c_2\sin 2t$ mit beliebigen reellen Konstanten c_1, c_2.

9.2 H i n w e i s : Durch Differentiation bezüglich t kann man die Integralgleichung

$$y(t) = \mu \int_0^1 K(t,\tau)y(\tau)\mathrm{d}\tau$$

auf eine Differentialgleichung zweiter Ordnung mit konstanten Koeffizienten zurückführen.

9.2.1 $\mu_k = \left(\frac{\pi}{2} + \pi k\right)^2, \quad \varphi_k(t) = \sin\left(\frac{\pi}{2} + \pi k\right)t, \quad k = 0,1,2,\ldots.$

9.2.2 $\mu_k = k^2\pi^2, \quad \varphi_k(t) = \sin \pi k t, \quad k = 1,2,\ldots.$

9.2.3 μ_k sind positive Lösungen der Gleichung $\operatorname{tg}\sqrt{\mu} = (1-a)\sqrt{\mu}, \quad \varphi_k(t) = \sin\sqrt{\mu_k}t.$

9.2.4 $\mu_0 = 1, \quad \varphi_0(t) = e^t; \quad \mu_k = -k^2\pi^2, \quad \varphi_k(t) = \sin \pi k t + \pi k \cos \pi k t.$

9.2.5 $\mu_k = \frac{\pi^2(2k+1)^2+4}{8(1+e^2)}, \quad \varphi_k(t) = \sin\left(k+\frac{1}{2}\right)\pi t, \quad k = 0,1,2,\ldots.$

9.2.6 $\mu_k = \frac{(k\pi)^2-1}{\sin 1}, \quad \varphi_k(t) = \sin \pi k t, \quad k = 1,2,\ldots.$

9.2.7 $\mu_k = 1 - \left(k+\frac{1}{2}\right)^2, \quad \varphi_k(t) = \cos\left(k+\frac{1}{2}\right)t, \quad k = 0,1,2,\ldots.$

9.2.8 $\mu_k = \left(k+\frac{1}{2}\right)^2 - 1, \quad \varphi_k(t) = \sin\left(k+\frac{1}{2}\right)t, \quad k = 0,1,2,\ldots.$

10.4.3 H i n w e i s : Man benutze die Beziehung (10.28) und zeige, daß $K_n(t,\tau)$ außer $\{\mu_i^n\}_{i=1}^{\infty}$ keine anderen charakteristischen Werte hat.

11.6.2 H i n w e i s : Man benutze im Beweis von Satz 10.7 die "komplexe Fassung" des Hilbert-Schmidtschen Satzes aus 11.4.

11.6.3 H i n w e i s : Man gehe wie beim Beweis von Satz 10.8 vor, benutze jedoch die Aussage aus der vorhergehenden Aufgabe 11.6.2.

11.6.4 H i n w e i s : Man wiederhole die Überlegungen aus 11.3, diesmal für komplexwertige Funktionen $K(t,\tau)$ und $\varphi_i(t)$, $i = 1,2,\ldots.$

11.6.5 (a) Es ist $Y(t) = f(t) + 2\mu \sum\limits_{k=0}^{\infty} \frac{f_k}{\left(\frac{1}{2}\pi+k\pi\right)^2-\mu} \sin\left(\frac{1}{2}\pi + +k\pi\right)t$ für $\mu \neq \left(\frac{1}{2}\pi + k\pi\right)^2$, $k = 0,1,2,\ldots$, mit $f_k = \int_0^1 f(\tau)\sin\left(\frac{1}{2}\pi + k\pi\right)\tau\mathrm{d}\tau$; für $\mu = \left(\frac{1}{2}\pi + k\pi\right)^2$ ist

$$Y(t) = f(t) + 2\left(\frac{1}{2}\pi + n\pi\right)^2 \sum_{\substack{k=0\\k\neq n}}^{\infty} \frac{f_k}{\left(\frac{1}{2}\pi + k\pi\right)^2 - \left(\frac{1}{2}\pi + n\pi\right)^2} \sin\left(\frac{1}{2}\pi + k\pi\right)t$$

$$+c\sin\left(\frac{1}{2}\pi + n\pi\right)t$$

mit beliebiger Konstante c.

11.6.5 (b) H i n w e i s : Man benutze die Ergebnisse von Aufgabe 9.2.3 und die Formeln (11.2) und (11.8).

11.6.5 (c) H i n w e i s : Man benutze die Ergebnisse von Aufgabe 9.2.6 und die Formeln (11.2) und (11.8).

12.3.1 H i n w e i s : Man benutze die Voraussetzungen über f und K und den Satz über die Differentiation von Integralen bezüglich eines Parameters.

12.3.2 H i n w e i s : Man bezeichne $\psi(t) = \int_a^t y(\tau)\mathrm{d}\tau$ und forme das Integral auf der linken Seite von (12.1) mit Hilfe der partiellen Integration um. Das Ergebnis lautet

$$\psi(t) - \int_a^t \frac{\frac{\partial K(t,\tau)}{\partial \tau}}{K(t,t)}\psi(\tau)\mathrm{d}\tau = \frac{f(t)}{K(t,t)}.$$

12.3.3 H i n w e i s : Man benutze die Laplace–Transformation. Diese ergibt $Y(p) = \frac{1}{p}$, d.h. $y(t) \equiv 1$.

12.3.4 $y(t) = \cos t - \sin t$.

13.5.1 (a) $G(t,\tau) = \frac{\sin \omega t \sinh \omega(1-\tau)}{\omega \sinh \omega}, \quad 0 \le t \le \tau \le 1;$
$G(t,\tau) = \frac{\sin \omega \tau \sinh \omega(1-\tau)}{\omega \sinh \omega}, \quad 0 \le \tau \le t \le 1.$

13.5.1 (b) $G(t,\tau) = \frac{\sin \omega t \sin \omega(1-\tau)}{\omega \sin \omega}, \quad 0 \le t \le \tau \le 1;$
$G(t,\tau) = \frac{\sin \omega t \sin \omega(1-\tau)}{\omega \sin \omega}, \quad 0 \le \tau \le t \le 1.$

13.5.1 (c) $G(t,\tau) = \frac{1}{t\tau^2}, \quad 0 \le t \le \tau \le 1; \quad G(t,\tau) = \frac{1}{\tau t^2}, \quad 0 \le \tau \le t \le 1.$

13.5.2 $y(t) = -t + \sin t + c$ mit beliebiger Konstante c.

13.5.3 $y(t) = \frac{1}{9}\sin t$.

13.5.4 $y(t) = \sum\limits_{k=1}^{\infty} \frac{\sin kt}{k^3}$.

13.5.5 $y(t) = -2\sin t - \frac{1}{9}\sin 3t$.

13.5.6 $y(t) = \sum\limits_{k=1}^{\infty} \frac{\hat{f}_k l^2}{k^2\pi^2 - l^2\omega^2}\sin kt, \quad \omega \ne \frac{k\pi}{l}, \quad \hat{f}_k = \frac{2}{l}\int_0^l f(\tau)\sin k\tau \mathrm{d}\tau.$

14.6.1 H i n w e i s : In (14.6) setze man die Koeffizienten A_i ein, welche der Trapezformel mit veränderlichem Schritt h_i und mit konstantem Schritt h entsprechen.

14.6.2 H i n w e i s : Man setze in (14.6) die Koeffizienten A_i ein, die gemäß Tab. 14.1 der Simpsonschen Quadraturformel entsprechen.

14.6.3 (a) Die Simpsonsche Formel $\int_0^1 f(t)\mathrm{d}t \approx \frac{1}{6}\left[f(0) + 4f(\frac{1}{2}) + f(1)\right]$ ergibt $y(0) \approx y_1 = 1{,}000\,0$; $y(\frac{1}{2}) \approx y_2 = 0{,}999\,9$; $y(1) \approx y_3 = 0{,}999\,6$.

14.6.3 (b) H i n w e i s : Man wähle die Knotenpunkte $t_1 = 0$; $t_2 = 0{,}2$; $t_3 = 0{,}4$; $t_4 = 0{,}6$; $t_5 = 0{,}8$; $t_6 = 1$ und benütze die Trapezformel. Ergebnis: $y_1 = 1{,}000\,0$; $y_2 = 0{,}820\,6$; $y_3 = 0{,}673\,1$; $y_4 = 0{,}551\,8$; $y_5 = 0{,}452\,2$; $y_6 = 0{,}370\,5$.

14.6.3 (c) H i n w e i s : Knotenpunkte und Simpsonsche Formel wie in Aufgabe 14.6.3 (a). Ergebnis: $y_1 = -\frac{10}{72}$, $y_2 = \frac{7}{72}$, $y_3 = \frac{60}{72}$.

15.4.2 $\mu_1 \approx 4{,}16; \mu_2 \approx 24{,}14; \mu_3 \approx 63{,}61$.

15.4.3 $y(t) = t^2 + 3t - \frac{5}{3}$.

15.4.4 $y(t) = \frac{4}{3}t - \frac{1}{3}$.

Literatur

[BHW] Burg, K.; Haf, H.; Wille, F.: *Höhere Mathematik für Ingenieure,* Bd. 3,5. 3., 2. Aufl. Stuttgart: Teubner–Verlag 1993.

[GÖR] Göpfert, A.; Riedrich, T.: *Funktionalanalysis.* 4. Aufl. Stuttgart–Leipzig: Teubner–Verlag 1994.

[HAC] Hackbusch, W.: *Integralgleichungen: Theorie und Numerik.* Stuttgart: Teubner–Verlag 1989.

[HÄH] Hämmerlin, G.; Hoffmann, K.–H.: *Numerische Mathematik.* 3. Aufl. Heidelberg: Springer 1992.

[HE1] Heuser, H.: *Funktionalanalysis: Theorie und Anwendung.* 3. Aufl. Stuttgart: Teubner–Verlag 1992.

[HE2] Heuser, H.: *Lehrbuch der Analysis, Teil 1.* 11. Aufl. Stuttgart: Teubner–Verlag 1994.

[KRE] Kress, R.: *Linear Integral Equations.* Berlin: Springer 1989.

[LJS] Ljusternik, L. A.; Sobolew, W. I.: *Elemente der Funktionalanalysis.* 5. Aufl. Berlin: Akademie Verlag 1975.

[MIK] Mikhlin, S. G.: *Integral equations.* London: Pergamon Press 1957.

[SCH] Schmeidler, W.: *Integralgleichungen mit Anwendungen in Physik und Technik.* Leipzig: Geest & Portig 1950.

[TEU] *TEUBNER–TASCHENBUCH der Mathematik,* Teil II. Hrsg.: Grosche, G.; Ziegler, V.; Ziegler, D.; Zeidler, E. Stuttgart–Leipzig: Teubner–Verlag 1995.

[WEM] Wenzel, H.; Meinhold, P.: *Gewöhnliche Differentialgleichungen.* 7. Aufl. Stuttgart–Leipzig: Teubner–Verlag 1994.

Sachregister

Mathematik für Ingenieure und Naturwissenschaftler

Bandemer/Bellmann, **Statistische Versuchsplanung**
4., neubearb. Aufl: 164 Seiten. DM/SFr 19,80 / ÖS 155,–

Beyer/Hackel/Pieper/Tiedge, **Wahrscheinlichkeitsrechnung und mathematische Statistik**
7., neubearb. Aufl. 264 Seiten. DM/SFr 26,80 / ÖS 199,–

Drábek/Kufner, **Integralgleichungen**
170 Seiten. DM/SFr 24,80 / ÖS 184,–

Gärtner/Bellmann/Lyska/Schmieder, **Analysis in Fragen und Übungsaufgaben**
264 Seiten. DM/SFr 26,80 / ÖS 199,–

Gillert/Nollau, **Übungsaufgaben zur Wahrscheinlichkeitsrechnung und mathematischen Statistik**
4. Aufl. 56 Seiten. DM/SFr 5,– / ÖS 39,–

Göpfert/Riedrich, **Funktionalanalysis**
4. Aufl. 136 Seiten. DM/SFr 24,80 / ÖS 194,–

Harbarth/Riedrich/Schirotzek, **Differentialrechnung für Funktionen mit mehreren Variablen**
8., neubearb. Aufl. 198 Seiten. DM/SFr 22,80 / ÖS 178,–

Iben, **Tensorrechnung**
180 Seiten. DM/SFr 22,80 / ÖS 169,–

Körber/Pforr, **Integralrechnung für Funktionen mit mehreren Variablen**
8., neubearb. Aufl. 199 Seiten. DM/SFr 22,80 / ÖS 178,–

Manteuffel/Seiffart/Vetters, **Lineare Algebra**
7., bearb. Aufl. 208 Seiten. DM/SFr 13,50 / ÖS 105,–

B. G. Teubner Stuttgart · Leipzig

Mathematik für Ingenieure und Naturwissenschaftler

Meinhold/Wagner, **Partielle Differentialgleichungen**
6 Aufl. 116 Seiten. DM/SFr 12,– / ÖS 94,–

Nägler/Stopp, **Graphen und Anwendungen.**
Eine Einführung
191 Seiten. DM/SFr 24,80 / ÖS 184,–

Pforr/Oehlschlägel/Seltmann, **Übungsaufgaben zur linearen Algebra und linearen Optimierung**
4. Aufl. 92 Seiten. DM/SFr 8,– / ÖS 63,–

Pforr/Schirotzek, **Differential- und Integralrechnung für Funktionen mit einer Variablen**
9., neubearb. Aufl. 302 Seiten. DM/SFr 28,80 / ÖS 225,–

Schirotzek/Scholz, **Starthilfe Mathematik**
139 Seiten. DM/SFr 19,80 / ÖS 147,–

Stopp, **Operatorenrechnung**
5. Aufl. 156 Seiten. DM/SFr 19,80 / ÖS 155,–

Wenzel/Heinrich, **Übungsaufgaben zur Analysis 1**
4. Aufl. 76 Seiten. DM/SFr 6,50 / ÖS 51,–

Wenzel/Heinrich, **Übungsaufgaben zur Analysis 2**
4. Aufl. 84 Seiten. DM/SFr 7,– / ÖS 55,–

Wenzel/Meinhold, **Gewöhnliche Differentialgleichungen**
7., neubearb. Aufl. 188 Seiten. DM/SFr 19,80 / ÖS 155,–

Preisänderungen vorbehalten.

B. G. Teubner Stuttgart · Leipzig